Training Note トレーニングノート β 数学Ⅱ

JN084437

は じ め に

　数学の勉強をする際に，公式や解き方を丸暗記してしまう人がいます。しかし，そのような方法では，すぐに忘れてしまい，また，応用がききません。問題演習を重ねれば，公式やその活用方法は自然と身につくものですが，応用力をつけるためには，ただ漫然と問題を解くのではなく，それぞれの問題の特徴を読み取り，じっくりと考えながら解いていくことが大切です。解法も1つとは限りません。よりエレガントな解法を目指してください。

　本書は，レベルを標準から大学入試に設定し，応用力をつけるために必要な問題を精選しています。また，直接書き込みながら勉強できるように，余白を十分にとっていますので，ノートは不要です。

　　POINTS　では，押さえておくべき公式や重要事項をまとめています。　Check　では，どのように考えるのかをアドバイスしています。さらに，解答・解説では，図などを使って詳しい解き方を示していますので，自学自習に最適です。

　皆さんが本書を最大限に活用して，数学の理解が進むことを心から願っています。

目　次

第1章　式と証明
❶ 式の展開と因数分解，二項定理 ……………… 2
❷ 整式の除法と分数式 ………………………… 4
❸ 恒等式，等式の証明 ………………………… 6
❹ 不等式の証明 ………………………………… 8

第2章　複素数と方程式
❺ 複素数 ………………………………………… 10
❻ 2次方程式の解 ……………………………… 12
❼ 因数定理と高次方程式 ……………………… 15

第3章　図形と方程式
❽ 点と直線 ……………………………………… 18
❾ 円 ……………………………………………… 21
❿ 軌跡と方程式 ………………………………… 24
⓫ 不等式の表す領域 …………………………… 27

第4章　三角関数
⓬ 三角関数 ……………………………………… 30
⓭ 三角関数の応用 ……………………………… 32

⓮ 加法定理とその応用 ① ……………………… 35
⓯ 加法定理とその応用 ② ……………………… 38

第5章　指数関数と対数関数
⓰ 指数関数 ① …………………………………… 40
⓱ 指数関数 ② …………………………………… 42
⓲ 対数関数 ① …………………………………… 44
⓳ 対数関数 ② …………………………………… 46
⓴ 常用対数 ……………………………………… 48

第6章　微分・積分
㉑ 導関数と接線 ………………………………… 50
㉒ 関数の極大・極小と最大・最小 ① ………… 52
㉓ 関数の極大・極小と最大・最小 ② ………… 54
㉔ 方程式・不等式への応用 …………………… 56
㉕ 不定積分と定積分 …………………………… 58
㉖ 面　積 ① ……………………………………… 60
㉗ 面　積 ② ……………………………………… 62

1 式の展開と因数分解, 二項定理

解答 ▶ 別冊 p.2

✎ POINTS

1 3次の乗法公式

$$(a+b)^3=a^3+3a^2b+3ab^2+b^3 \qquad (a-b)^3=a^3-3a^2b+3ab^2-b^3$$

2 3次式の因数分解

$$a^3+b^3=(a+b)(a^2-ab+b^2) \qquad a^3-b^3=(a-b)(a^2+ab+b^2)$$

3 二項定理

$$(a+b)^n={}_nC_0a^n+{}_nC_1a^{n-1}b+{}_nC_2a^{n-2}b^2+\cdots\cdots+{}_nC_ra^{n-r}b^r+\cdots\cdots+{}_nC_nb^n$$

4 二項定理の応用

$(a+b+c)^n$ の展開式における $a^pb^qc^r$ の係数は, $\dfrac{n!}{p!q!r!}$ (ただし, $p+q+r=n$)

---

1 次の式を展開せよ。

□(1) $(a-b)^3(a+b)^3(a^2+b^2)^3$ 〔大阪工業大〕

□(2) $(x^2+xy+y^2)(x^2+y^2)(x-y)^2(x+y)$ 〔山形大〕

2 次の式を因数分解せよ。

□(1) $a^3-(b+c)^3$

□(2) $x^3-27y^3+x^2+3xy+9y^2$ 〔西南学院大〕

✔**Check** | **1** (1)まず, $(a-b)^3(a+b)^3$ を $\{(a-b)(a+b)\}^3$ と考えて, 展開する。
(2)まず, $(x^2+xy+y^2)(x-y)$ を展開する。
2 (1)$b+c=t$ とおくと, a^3-t^3 となる。 (2)まず, x^3-27y^3 を因数分解する。

3 次の問いに答えよ。

□(1) $a^3+b^3=(a+b)^3-3ab(a+b)$ を利用して，$x^3+y^3+z^3-3xyz$ を因数分解せよ。

□(2) (1)の結果を利用して，$1+8s^3+27t^3-18st$ を因数分解せよ。

□ **4** $(3x^2-y)^7$ を展開して整理したとき，x^8y^3 の係数を求めよ。また，係数が 21 となる項の y の次数を求めよ。　　　　　〔武庫川女子大〕

□ **5** $(x-3y+2z)^5$ の展開式において，xy^2z^2 の項の係数を求めよ。　　〔明治大〕

□ **6** $(1+x+x^2)^5$ を展開したときの x^6 の係数を求めよ。　　　　〔早稲田大〕

✓Check | **3** (1) $x^3+y^3+z^3-3xyz=(x+y)^3-3xy(x+y)+z^3-3xyz$ と変形する。

4 $(a+b)^n$ の展開式の一般項は，${}_nC_r a^{n-r}b^r$

5 $(a+b+c)^n$ の展開式の一般項は，$\dfrac{n!}{p!q!r!}a^p b^q c^r$ （ただし，$p+q+r=n$）

6 **5** と同様に考えるが，$(p,\ q,\ r)$ の組が 1 通りではないことに注意する。

2 整式の除法と分数式

🖊 POINTS

1 商と余り

整式 A を整式 B で割ったときの商を Q, 余りを R とすると,

$A = BQ + R$ （ただし，（Rの次数）＜（Bの次数））

2 分数式の計算

$$\frac{A}{B} \times \frac{C}{D} = \frac{AC}{BD}, \quad \frac{A}{B} \div \frac{C}{D} = \frac{AD}{BC}$$

$$\frac{A}{C} + \frac{B}{C} = \frac{A+B}{C}, \quad \frac{A}{C} - \frac{B}{C} = \frac{A-B}{C}$$

分母が異なる分数式の加法，減法は，通分してから計算する。

---

7 次の問いに答えよ。 〔聖隷クリストファー大〕

□(1) $2x^2 - 4x - 5$ で割ると，商が $2x-1$，余りが -3 となる整式を求めよ。

□(2) $2x^4 + 4x^3 - 5x^2 - 3x + 1$ を割ると，商が $2x^2 - 3$，余りが $3x-2$ となる整式を求めよ。

□ **8** x についての整式 Q を $2x^2 + 5$ で割ると $7x-4$ 余り，さらに，その商を $3x^2 + 5x + 2$ で割ると $3x+8$ 余る。このとき，Q を $3x^2 + 5x + 2$ で割った余りを求めよ。 〔近畿大〕

✔**Check** | **7** (2)求める整式を $B(x)$ とすると，$B(x)(2x^2-3)+3x-2$
          8 Q を $2x^2+5$ で割ったときの商を R，R を $3x^2+5x+2$ で割ったときの商を S とすると，Q は R で表され，R は S で表される。代入すれば Q は S で表され，このとき $3x^2+5x+2$ でくくる。

9 次の計算をせよ。

☐(1) $\dfrac{3x^2+2x-5}{6x^2+19x+15} \times \dfrac{6x^2+7x-3}{3x^2-11x+6}$

☐(2) $\dfrac{8x^3+y^3}{(3x+2y)(6x^2-xy-2y^2)} \div \dfrac{4x^2-2xy+y^2}{3x^2-7xy-6y^2}$

☐(3) $\dfrac{2}{x^2+x} + \dfrac{5x-5}{x^2-3x-4} - \dfrac{x+1}{x^2-4x}$

☐(4) $\dfrac{1}{x} - \dfrac{1}{x+1} - \dfrac{1}{x+2} + \dfrac{1}{x+3}$

✅**Check** │ **9** (1)～(3)まず，それぞれの分母，分子を因数分解しておく。
(4)全体を同時に通分しないで，2つずつの通分を考えるほうがよい。

第1章 第2章 第3章 第4章 第5章 第6章

5

3 恒等式，等式の証明

解答 ▶ 別冊 p.3

POINTS

1 恒等式

$ax^2+bx+c=a'x^2+b'x+c'$ が x についての恒等式 $\Longleftrightarrow$ $a=a'$，$b=b'$，$c=c'$

2 比例式

①比 $a:b$ に対して，$\dfrac{a}{b}$ を**比の値**といい，$a:b=c:d$ や $\dfrac{a}{b}=\dfrac{c}{d}$ などを**比例式**という。

②$a:b:c=x:y:z$ のとき，$\dfrac{a}{x}=\dfrac{b}{y}=\dfrac{c}{z}=k$ $(k \neq 0)$ とおくと，$a=xk$，$b=yk$，$c=zk$

□ **10** $x^3-x^2+x-1=(x-1)^3+a(x-1)^2+b(x-1)+c$ が x についての恒等式であるとき，定数 a，b，c の値を求めよ。　　〔法政大〕

□ **11** $x+y=2$ を満たす x，y に対して，常に $ax^2+bx+cy^2=1$ が成立するように，定数 a，b，c の値を定めよ。　　〔近畿大〕

□ **12** $A(x)$ は定数項が1である x の3次式で，ある定数 c が存在し，すべての x に対して $A(2x+1)=cA(x)$ が成立している。このとき，c の値と $A(x)$ を求めよ。　　〔上智大〕

✓ Check

10 右辺を展開して，係数比較をする。数値代入法でもできる。

11 $y=2-x$ を $ax^2+bx+cy^2=1$ に代入したとき，これが x についての恒等式となるようにする。

12 $A(x)=px^3+qx^2+rx+1$ $(p \neq 0)$ とおくと，
$A(2x+1)=p(2x+1)^3+q(2x+1)^2+r(2x+1)+1$

□ **13** $\dfrac{x+y}{4}=\dfrac{y+z}{6}=\dfrac{z+x}{5}\neq 0$ のとき, $x:y:z=3:$ $\boxed{(ア)}$ $:$ $\boxed{(イ)}$ であり,

$\dfrac{(x+y)(y+z)(z+x)}{(x-y)(y-z)(z-x)}=$ $\boxed{(ウ)}$ である。 〔立命館大〕

14 $a+b+c\neq 0$, $abc\neq 0$ を満たす実数 a, b, c が $\dfrac{1}{a}+\dfrac{1}{b}+\dfrac{1}{c}=\dfrac{1}{a+b+c}$ を満た

している。このとき, 次の問いに答えよ。 〔早稲田大一改〕

□(1) $a+b=0$ または $b+c=0$ または $c+a=0$ が成り立つことを示せ。

□(2) 任意の奇数 n に対し, $\dfrac{1}{a^{n}}+\dfrac{1}{b^{n}}+\dfrac{1}{c^{n}}=\dfrac{1}{(a+b+c)^{n}}$ が成り立つことを示せ。

✓**Check** | **13** 比例式を k とおいて, $x+y=4k$, $y+z=6k$, $z+x=5k$ とし, x, y, z を k で表す。
14 (1)与式の分母を払った式を因数分解すると, $(a+b)(b+c)(c+a)=0$ となる。

4 不等式の証明

📝 POINTS

1 実数の平方

実数 a について，$a^2 \geqq 0$ （等号が成り立つのは，$a=0$ のとき）

実数 a，b について，$a^2+b^2 \geqq 0$ （等号が成り立つのは，$a=b=0$ のとき）

2 平方の大小

$a>0$，$b>0$ のとき，$a>b \iff a^2>b^2$，$\quad a \geqq b \iff a^2 \geqq b^2$

3 絶対値と不等式

$|a| \geqq 0$ $\quad$ $|a| \geqq a$ $\quad$ $|a|^2=a^2$ $\quad$ $|ab|=|a||b|$ $\quad$ $\left|\dfrac{a}{b}\right|=\dfrac{|a|}{|b|}$

4 相加平均と相乗平均

$a>0$，$b>0$ のとき，$\dfrac{a+b}{2} \geqq \sqrt{ab}$ （等号が成り立つのは，$a=b$ のとき）

□ **15** a，b，c，x，y，z が実数のとき，$(a^2+b^2+c^2)(x^2+y^2+z^2) \geqq (ax+by+cz)^2$ を証明せよ。

〔福岡教育大〕

16 $0<a<b$，$a+b=1$ であるとき，次の 2 つの大小を比較せよ。 〔滋賀医科大一改〕

□(1) $2ab$ と $\dfrac{1}{2}$

□(2) a^2+b^2 と b

□(3) $\left(1+\dfrac{1}{a}\right)\left(1+\dfrac{1}{b}\right)$ と 9

✅ **Check** | **15** （左辺）−（右辺）を計算して，平方のまとまりをつくる。

16 $0<a<b$，$a+b=1$ により，$0<a<1-a$ つまり $0<a<\dfrac{1}{2}$ となる。

□ **17** $a>0$, $b>0$ のとき, $2\sqrt{a}+3\sqrt{b}>\sqrt{4a+9b}$ が成り立つことを証明せよ。

□ **18** 不等式 $\sqrt{a^2+b^2}\leqq|a|+|b|\leqq\sqrt{2(a^2+b^2)}$ が成り立つことを証明せよ。

□ **19** $a>0$, $b>0$, $c>0$ のとき, $\left(ab+\dfrac{1}{bc}\right)\left(bc+\dfrac{1}{ca}\right)\left(ca+\dfrac{1}{ab}\right)$ の最小値を求めよ。

〔東洋大〕

✔**Check** │ **17** 両辺の平方の差を考える。
18 各辺とも負にはならないので, それぞれ平方して比較する。等号が成立する条件も調べておく。
19 $ab>0$, $bc>0$, $ca>0$ であることから, 相加平均と相乗平均の関係を用いる。

5 複素数

解答 ▶ 別冊 p.6

✐ POINTS

1 複素数の相等

$a+bi=c+di \iff a=c$ かつ $b=d$

特に, $a+bi=0 \iff a=0$ かつ $b=0$

2 共役な複素数

①複素数 $\alpha=a+bi$ と複素数 $\overline{\alpha}=a-bi$ は互いに共役であるという。

②共役な複素数の和 $\alpha+\overline{\alpha}$ は $2a$, 積 $\alpha\overline{\alpha}$ は a^2+b^2 となり, いずれも実数になる。

3 複素数の計算

①$(a+bi)(c+di)=(ac-bd)+(ad+bc)i$

②$\dfrac{a+bi}{c+di}=\dfrac{ac+bd}{c^2+d^2}+\dfrac{bc-ad}{c^2+d^2}i$

4 負の数の平方根

$a>0$ のとき, $-a$ の平方根は, $\pm\sqrt{-a}$ すなわち, $\pm\sqrt{a}\,i$

20 次の計算をせよ。

□(1) $\dfrac{1-2i}{3-i}-\dfrac{5+i}{5i}$ 〔東京工科大〕　□(2) $\left(\dfrac{5+i}{2+3i}\right)^4$

□ **21** 複素数 α に対して, $\overline{\alpha}z+\alpha\overline{z}=2$ が, $z=1+i$ と $z=-2-5i$ のときに成立するという。このとき, α を求めよ。 〔神奈川工科大一改〕

⊘ **Check** | **20** 分母と共役な複素数を用いて, 分母を実数にする。

21 $\alpha=a+bi$ (a, b は実数), $z=x+yi$ (x, y は実数) とおくと, $\overline{\alpha}=a-bi$, $\overline{z}=x-yi$ なので, これらを $\overline{\alpha}z+\alpha\overline{z}=2$ に代入する。

第1章
第2章
第3章
第4章
第5章
第6章

22 次の計算をせよ。

□(1) $\sqrt{-2} \times \sqrt{-8}$

□(2) $\dfrac{9}{3-\sqrt{-27}} - \dfrac{3-\sqrt{-3}}{1+\sqrt{-3}}$

23 次の問いに答えよ。ただし，i は虚数単位である。

□(1) a，b を実数 $(a \ne 0)$ とするとき，$(3+2i)(1-5i)=(13+ai)(1-bi)$ が成立する。このとき，a の値を求めよ。 〔八戸工業大〕

□(2) 等式 $\dfrac{-31+24i}{a+bi}=2+5i$ が成立するとき，実数 a，b の値を求めよ。 〔武蔵大〕

□ **24** a，b，c を 0 または正の実数とし，$c=\dfrac{ai}{a-bi}+\dfrac{2b}{a+bi}$ が成り立つとき，c の値を求めよ。ただし，i は虚数単位である。 〔駒澤大〕

✓**Check** | **22** (1)$\sqrt{-2}=\sqrt{2}\,i$，$\sqrt{-8}=2\sqrt{2}\,i$ と置き換えて計算する。

23 (2)$a+bi=\dfrac{-31+24i}{2+5i}=\dfrac{(-31+24i)(2-5i)}{(2+5i)(2-5i)}$ を計算し，両辺の実部と虚部をそれぞれ比較する。

24 右辺を通分すれば，分母が実数になる。両辺の実部と虚部をそれぞれ比較する。

6 2次方程式の解

解答 ▶ 別冊 p.6

📝 POINTS

1 2次方程式の解の判別式

2次方程式 $ax^2+bx+c=0$ の解とその判別式 $D=b^2-4ac$ について,

⑦ $D>0 \iff$ 異なる2つの実数解をもつ

④ $D=0 \iff$ 重解をもつ（実数解）

⑦ $D<0 \iff$ 異なる2つの虚数解をもつ

2 解と係数の関係, 2次式の因数分解

2次方程式 $ax^2+bx+c=0$ の2つの解を α, β とすると,

$\alpha+\beta=-\dfrac{b}{a}$, $\alpha\beta=\dfrac{c}{a}$

$ax^2+bx+c=a(x-\alpha)(x-\beta)$

3 2数を解とする2次方程式

$p=\alpha+\beta$, $q=\alpha\beta$ とするとき, α と β を解とする2次方程式の1つは, $\boldsymbol{x^2-px+q=0}$

☐ **25** x に関する2つの方程式 $x^2+ax+a+3=0$ ……①, $x^2-2ax+8a=0$ ……② について考える。

①が実数解をもつ定数 a の値の範囲, ①, ②が, ともに実数解をもつ定数 a の値の範囲, どちらか一方だけが実数解をもつ定数 a の値の範囲をそれぞれ求めよ。

〔京都産業大〕

✅ **Check** | **25** ①, ②の判別式をそれぞれ D_1, D_2 とすると, $D_1 \geqq 0$ と $D_2 \geqq 0$ の一方だけが成り立つ a の値の範囲が, ①, ②のどちらか一方だけが実数解をもつ条件である。

□ **26**　2次方程式 $x^2-x+2=0$ の解を α, β とするとき，α^3, β^3 を解とする2次方程式の1つは $x^2+\boxed{\quad(\mathcal{P})\quad}x+\boxed{\quad(\mathcal{A})\quad}=0$ である。　　　〔東京経済大〕

27　x の2次方程式 $x^2-2(3m-1)x+9m^2-8=0$ が次の条件を満たすような，実数 m の値の範囲をそれぞれ求めよ。　　　〔岐阜女子大〕

□(1)　相異なる2つの実数解をもつ。

□(2)　相異なる2つの実数解をもち，ともに正である。

□(3)　相異なる2つの実数解をもち，一方の解は正，他方の解は負である。

● **Check** ｜ **26** $\alpha^3+\beta^3$, $\alpha^3\beta^3$ を $\alpha+\beta$, $\alpha\beta$ で表し，POINTS $\boxed{3}$ を用いる。

27 α, β が異なる2つの正の解である。$\Longleftrightarrow$ $D>0$, $\alpha+\beta>0$, $\alpha\beta>0$

α, β が異なる2つの負の解である。$\Longleftrightarrow$ $D>0$, $\alpha+\beta<0$, $\alpha\beta>0$

α, β が異符号の解である。$\Longleftrightarrow$ $\alpha\beta<0$

□ **28** x の 2 次方程式 $x^2-2ax+3a=0$ の 2 つの解（重解を含む）が両方とも 1 より大きくなるとき，a のとりうる値の範囲を求めよ。　〔南山大〕

□ **29** a, b は実数で $f(x)=x^2+ax+b$ とする。α, β を 2 次方程式 $f(x)=0$ の相異なる 2 つの実数解とする。α^2, β^2 がまた $f(x)=0$ の相異なる 2 つの実数解であるとき，a, b の値を求めよ。　〔摂南大〕

□ **30** 2 次方程式 $ax^2+6x+a-7=0$ の 2 つの解の差が 2 であるとき，a の値を求めよ。　〔工学院大〕

● Check │ **28** $\alpha>1$ かつ $\beta>1 \iff (\alpha-1)+(\beta-1)>0$ かつ $(\alpha-1)(\beta-1)>0$
　　　　29 α, β に対し，解と係数の関係を適用する。α^2, β^2 に対しても同様である。
　　　　30 2 つの解を α, $\alpha-2$ とおいて，解と係数の関係を利用する。

7 因数定理と高次方程式

解答 ▶ 別冊 p.8

📎 POINTS

1 剰余の定理

整式 $P(x)$ を $x-\alpha$ で割ったときの余りは，$P(\alpha)$

2 因数定理

整式 $P(x)$ が $x-\alpha$ を因数にもつ $\Longleftrightarrow$ $P(\alpha)=0$

3 高次方程式

高次方程式は，1次式や2次式の積に因数分解できれば簡単に解くことができる。

☐ **31** x^3+ax^2+bx+c は，$x-2$ で割っても，$x+2$ で割っても，$x-1$ で割っても，余りが2となるとき，a，b，c の値を求めよ。 〔高岡法科大〕

☐ **32** x の整式 $P(x)$ を，$x-1$ で割った余りが1，$x-2$ で割った余りが2，$x-3$ で割った余りが3となった。$P(x)$ を $(x-1)(x-2)(x-3)$ で割った余りを求めよ。

〔神戸大〕

✔ **Check** | **31** $f(x)=x^3+ax^2+bx+c$ とおくと，剰余の定理より，$f(2)=f(-2)=f(1)=2$

32 $P(x)$ を $(x-1)(x-2)(x-3)$ で割ったときの商を $Q(x)$，余りを ax^2+bx+c とおく。

□ **33** 整式 $f(x)$ を $x-2$ で割った余りが -1，整式 $g(x)$ を $x+1$ で割った余りが 5，積 $f(x)g(x)$ を $(x-2)(x+1)$ で割った余りが $3x-7$ であるとき，$f(x)$ を $x+1$ で割った余りと，$g(x)$ を $(x-2)(x+1)$ で割った余りをそれぞれ求めよ。

〔千葉工業大〕

□ **34** n を自然数とするとき，x についての多項式 $f(x)=n^2(n-8)x^n+(11n+20)x$ が x^2-1 で割り切れるように，n の値を定めよ。　　　　　　〔同志社大〕

35 次の方程式を解け。

□(1)　$2x^3+x^2-13x+6=0$ 　　　　　　□(2)　$(x+2)(x+3)(x-4)(x-5)=44$

〔東京理科大〕

⊘ **Check** │ **33** $f(x)g(x)=(x-2)(x+1)P(x)+3x-7$ とおくことができる。
34 $x^2-1=(x+1)(x-1)$ だから因数定理より，$f(-1)=f(1)=0$
35 (2)$(x+2)(x-4)$，$(x+3)(x-5)$ を展開し，x^2-2x の部分を t でおき換える。

36 3次方程式 $x^3+ax^2+4x+b=0$ が解 $1+i$ をもつとき，実数の係数 a，b の値を求めよ。また，$1+i$ 以外の解を求めよ。〔青山学院大〕

37 次の問いに答えよ。〔公立はこだて未来大〕

(1) 3次方程式 $x^3-2x^2+2x-1=0$ を複素数の範囲で解け。

(2) (1)の3次方程式の3つの解を α，β，γ とするとき，$\alpha-1$，$\beta-1$，$\gamma-1$ を解にもつ3次方程式 $x^3+px^2+qx+r=0$ の係数 p，q，r の値を求めよ。

(3) (1)の3次方程式の3つの解を α，β，γ とするとき，$\dfrac{1}{\alpha}+1$，$\dfrac{1}{\beta}+1$，$\dfrac{1}{\gamma}+1$ を解にもつ3次方程式 $x^3+p'x^2+q'x+r'=0$ の係数 p'，q'，r' の値を求めよ。

✓Check | **36** 与式に $x=1+i$ を代入し，a，b が実数であることから実部と虚部に関する条件をつくる。

37 3次方程式 $ax^3+bx^2+cx+d=0$ の3つの解を α，β，γ とすると，
$ax^3+bx^2+cx+d=a(x-\alpha)(x-\beta)(x-\gamma)$

8 点と直線

解答 ▶ 別冊 p.9

🖉 POINTS

1 内分点・外分点の座標

2点 $A(x_1,\ y_1)$, $B(x_2,\ y_2)$ に対して,

①線分 AB を $m:n$ に内分する点の座標は, $\left(\dfrac{nx_1+mx_2}{m+n},\ \dfrac{ny_1+my_2}{m+n}\right)$

②線分 AB を $m:n$ に外分する点の座標は, $\left(\dfrac{-nx_1+mx_2}{m-n},\ \dfrac{-ny_1+my_2}{m-n}\right)$

2 直線の方程式

①点 $A(x_1,\ y_1)$ を通り, 傾きが m である直線の方程式は, $y-y_1=m(x-x_1)$

②2点 $A(x_1,\ y_1)$, $B(x_2,\ y_2)$ を通る直線の方程式は, $x_1\neq x_2$ のとき, $y-y_1=\dfrac{y_2-y_1}{x_2-x_1}(x-x_1)$

$$x_1=x_2 \text{ のとき, } x=x_1$$

3 2直線の平行と垂直

2直線 $y=m_1x+n_1$, $y=m_2x+n_2$ について,

平行 $\iff m_1=m_2$ 　　垂直 $\iff m_1m_2=-1$

4 点と直線の距離

点 $P(x_1,\ y_1)$ と直線 $ax+by+c=0$ の距離 d は, $d=\dfrac{|ax_1+by_1+c|}{\sqrt{a^2+b^2}}$

□ **38** 平面上の3点 $O(0,\ 0)$, $A(63,\ 0)$, $B(15,\ 20)$ に対して, △OAB の重心, 外心, 内心の座標をそれぞれ求めよ。

✔ Check ｜ **38** 外心は線分 OA と OB それぞれの垂直二等分線の交点である。内心はそれぞれの内角の二等分線の交点だから角の二等分線の定理を用いるとよい。

□ **39** 2点 A$(1, 2)$, B$(4, 1)$ に対して, 線分 AB を $1:2$ の比に内分する点Cを通り, AB に垂直な直線の方程式を求めよ。

□ **40** 2直線 $3x+y=17$, $x+ay=9$ がある。これらが平行であるときの a の値を求めよ。また, これらが直交するときの a の値と, その交点の座標をそれぞれ求めよ。

〔大阪産業大〕

□ **41** a, b を実数とする。xy 平面上の2直線 $ax-y=2b$, $x+(a-2)y=b+1$ がただ1つの共有点をもつための必要十分条件, 共有点をもたないための必要十分条件, 2つ以上の共有点をもつための必要十分条件をそれぞれ求めよ。

〔上智大〕

✓ **Check** | **39** AB に垂直であることから, 求める直線の傾きは 3 とわかる。

40 2直線 $a_1x+b_1y+c_1=0$, $a_2x+b_2y+c_2=0$ について,
平行または一致 $\iff a_1b_2-a_2b_1=0$, 垂直 $\iff a_1a_2+b_1b_2=0$

41 2直線 $a_1x+b_1y+c_1=0$, $a_2x+b_2y+c_2=0$ について,
ただ1つの共有点をもつ（1点で交わる）$\iff a_1b_2-a_2b_1 \neq 0$

□ **42** 直線 $y=x+1$ に関する対称移動によって，点 (p, q) が点 (a, b) に移ったとするとき，点 (a, b) の座標を p, q を用いて表せ。

〔早稲田大一改〕

43 平面上の3点 O$(0, 0)$，A$(4, 8)$，B$(-2, 11)$ について，次の問いに答えよ。

〔群馬大〕

□(1) 点Bを通って，△OAB の面積を2等分する直線の方程式を求めよ。

□(2) 点P$(1, 2)$ を通って，△OAB の面積を2等分する直線の方程式を求めよ。

✔**Check** | **42** 2点 P，Q が直線 ℓ に関して対称であるとき，PQ$\perp\ell$ で，PQ の中点が直線 ℓ 上にある。
43 △OAB において，2線分 AO，AB 上にそれぞれ点 P，Q をとると，面積比は次のように2辺の積の比になる。
$$\triangle\text{PAQ} : \triangle\text{OAB} = \frac{1}{2}\text{AP}\cdot\text{AQ}\cdot\sin A : \frac{1}{2}\text{AO}\cdot\text{AB}\cdot\sin A = \text{AP}\cdot\text{AQ} : \text{AO}\cdot\text{AB}$$

9 円

解答 ▶ 別冊 p.11

📝 POINTS

1 円の方程式

中心が点 $(a,\ b)$，半径が r の円の方程式は，$(x-a)^2+(y-b)^2=r^2$

特に，原点Oを中心として半径が r の円の方程式は，$x^2+y^2=r^2$

円の方程式は，$l,\ m,\ n$ を定数として，$x^2+y^2+lx+my+n=0$ の形に表される。

2 円と直線の位置関係

円の方程式と直線の方程式から y を消去して得られる x についての2次方程式の判別式を D とすると，

⑦ $D>0$ $\iff$ 異なる2点で交わる

④ $D=0$ $\iff$ 接する

⑦ $D<0$ $\iff$ 共有点をもたない

円の中心から直線への距離と円の半径の大小によっても分類される。

3 円の接線の方程式

円 $x^2+y^2=r^2$ 上の点 $(x_1,\ y_1)$ における接線の方程式は，$x_1x+y_1y=r^2$

---

44 2点を A$(0,\ 1)$，B$(4,\ -1)$ とするとき，次の問いに答えよ。　〔群馬大〕

□(1) 2点 A，B を通り，直線 $y=x-1$ 上に中心をもつ円 C_1 の方程式を求めよ。

□(2) (1)で求めた円 C_1 と直線 AB に関して対称な円 C_2 の方程式を求めよ。

✔ **Check** ｜ **44** (1)直線 $y=x-1$ 上にある中心を $(t,\ t-1)$（t は定数）とおく。

(2)円 C_2 の中心は，直線 AB に関して円 C_1 の中心と対称な点である。

□ **45** 円 $C : x^2+y^2-4x-2y+3=0$ と直線 $\ell : y=-x+k$ が異なる2点で交わるような定数 k の値の範囲を求めよ。また，ℓ が C によって切り取られてできる線分の長さが2となるとき，定数 k の値を求めよ。　　　　　〔名城大〕

46 円 $x^2+y^2-2ax+4ay+a^2=0$（a は0でない実数）について，次の問いに答えよ。

〔滋賀大〕

□(1)　円の中心の座標と半径を求めよ。

□(2)　0でない実数 a がどんな値をとっても，この円に接する直線の方程式を求めよ。

✓ Check　| **45** 円 C と直線 ℓ との距離が，前半は $\sqrt{2}$ 未満，後半は1となる。

46 (2)直線を $lx+my+n=0$ とおき，円の中心からこの直線までの距離が常に円の半径に一致することを利用する。

□ **47** 点 A$(2, 7)$ から，円 $(x-1)^2+y^2=25$ に 2 本の接線を引く。このとき，2 つの接点の x 座標を求めよ。また，2 つの接点を結ぶ直線の方程式を求めよ。〔東京薬科大〕

48 2 つの円 $(x-5)^2+y^2=1$ と $x^2+y^2=4$ について，次の問いに答えよ。

〔青山学院大一改〕

□(1) 2 つの円の共通接線の方程式を求めよ。

□(2) 各接線について，2 つの円との接点を結ぶ線分の長さのうち，最小のものと最大のものを求めよ。

✔**Check** │ **47** 円 $(x-a)^2+(y-b)^2=r^2$ 上の点 (x_0, y_0) における接線の方程式は，
$(x_0-a)(x-a)+(y_0-b)(y-b)=r^2$
48 (1)円 $x^2+y^2=4$ 上の点 (α, β) における接線と点 $(5, 0)$ との距離が 1 である。

10 軌跡と方程式

1 条件を満たす点Pの軌跡を求める手順

①点Pの座標を (x, y) として条件を x, y の式で表し，その式が表す図形を求める。

②その図形上の任意の点が条件を満たすことを確かめる。

49 座標平面上の2点 O(0, 0)，A(4, 3) に対して，OP：AP＝2：3 を満たす点Pの軌跡を C とする。

□(1) C 上の点Pの座標を (x, y) とすると，$AP^2 = (x - \boxed{\text{ア}})^2 + (y - \boxed{\text{イ}})^2$ である。また，$\boxed{\text{ウ}} OP^2 = \boxed{\text{エ}} AP^2$ （ただし $\boxed{\text{ウ}} \neq 0$）より，x, y は関係式

$x^2 + y^2 + \dfrac{\boxed{\text{オカ}}}{\boxed{\text{キ}}} x + \dfrac{\boxed{\text{クケ}}}{\boxed{\text{コ}}} y - \boxed{\text{サシ}} = 0$ を満たす。

したがって，C は点 $Q\left(\dfrac{\boxed{\text{スセソ}}}{\boxed{\text{タ}}}, \dfrac{\boxed{\text{チツテ}}}{\boxed{\text{ト}}} \right)$ を中心とする半径 $\boxed{\text{ナ}}$ の円である。

□(2) C 上の点Rを直線 OR と直線 OA が直交するように第2象限にとる。このとき，(1)のQに対し $OQ = \boxed{\text{ニ}}$ であり，$OR = \boxed{\text{ヌ}} \sqrt{\boxed{\text{ネ}}}$ である。

□ **50** ある点から，直線 $x + y - 1 = 0$ への距離と，直線 $x - y - 2 = 0$ への距離の比が 2：1 である。このような点がつくる軌跡の方程式を求めよ。　〔立教大〕

✔Check | **49** (2) OR⊥OQ となるから，△OQR において三平方の定理を用いる。

50 条件を満たす点を (X, Y) とおくと，2直線までの距離の比より，

$2|X - Y - 2| = |X + Y - 1|$

51 方程式 $x^2+y^2-4kx+(6k-2)y+14k^2-8k+1=0$ が円を表すとき，定数 k の値の範囲を求めよ。また，k の値がこの範囲で変化するとき，この円の中心の軌跡を求めよ。

〔西南学院大〕

52 放物線 $y=x^2$ と直線 $y=m(x+2)$ が異なる 2 点 A，B で交わっている。

〔東北福祉大〕

(1) 定数 m の値の範囲を求めよ。

(2) m の値が変化するとき，線分 AB の中点の軌跡を求めよ。

● **Check** | **51** 円になる条件は，$(x-a)^2+(y-b)^2=c$ の形に変形したときに $c>0$ である。

52 (2) 交点の x 座標は，放物線と直線の方程式から導かれる 2 次方程式の解と係数の関係を満たす。

53 xy 平面上で，原点を中心とする半径 2 の円を C とし，直線 $y=ax+1$ を ℓ とする。ただし，a は実数である。　　　　　　　　　　　　　　〔奈良女子大〕

□(1)　円 C と直線 ℓ は異なる 2 点で交わることを示せ。

□(2)　円 C と直線 ℓ の 2 つの交点を P，Q とし，点 P における円 C の接線と点 Q における円 C の接線との交点を R とする。a が実数全体を動くとき，点 R の軌跡を求めよ。

□ **54** 平面において，中心が $(0,\ 1)$ で半径が 1 の円 C と，中心が $(4,\ 0)$ で半径が 2 の円 C' を考える。点 P から円 C に引いた 2 本の接線のなす角と，点 P から円 C' に引いた 2 本の接線のなす角が等しくなるような点 $\mathrm{P}(x,\ y)$ の座標 x，y が満たす方程式を求めよ。　　　　　　　　　　　　　　〔日本女子大〕

⊘**Check** ｜ **53** (2) 点 $\mathrm{P}(\alpha_1,\ a\alpha_1+1)$，$\mathrm{Q}(\alpha_2,\ a\alpha_2+1)$ として，それぞれの接線の方程式を求め，連立する。

54 点 P と 1 接点と中心を結んだ三角形は，円 C と円 C' におけるものが相似で，相似比は 1：2

11 不等式の表す領域

解答 ▶ 別冊 p.14

POINTS

1 直線と領域

①不等式 $y > mx + n$ の表す領域は，直線 $y = mx + n$ の上側の部分

②不等式 $y < mx + n$ の表す領域は，直線 $y = mx + n$ の下側の部分

2 円と領域

円 $(x-a)^2 + (y-b)^2 = r^2$ を C とするとき，

①不等式 $(x-a)^2 + (y-b)^2 < r^2$ の表す領域は円 C の**内部**

②不等式 $(x-a)^2 + (y-b)^2 > r^2$ の表す領域は円 C の**外部**

3 領域を利用した証明

条件 p を満たすものの集合を P，条件 q を満たすものの集合を Q とするとき，

$p \Rightarrow q$ が真である $\iff P \subset Q$

□ **55** 不等式 $(2x+y-2)(x^2-4x+y^2) < 0$ の表す領域を図示せよ。　　〔龍谷大〕

□ **56** 連立不等式 $x-2y \leqq 0$，$x+2y-8 \leqq 0$，$3x-2y+4 \geqq 0$ の表す領域の面積を求めよ。

〔千葉工業大〕

✓ Check | **55** 2つの式 A，B の積 AB に関して，$AB < 0 \iff (A > 0$ かつ $B < 0)$ または $(A < 0$ かつ $B > 0)$

56 2点 A$(x_1, \ y_1)$，B$(x_2, \ y_2)$ と原点Oに対し，△OABの面積は

$$\triangle \text{OAB} = \frac{1}{2}|x_1 y_2 - x_2 y_1|$$

□ **57** 点 (x, y) が連立不等式 $x+3y \leqq 6$, $3x+y \leqq 6$, $x \geqq 0$, $y \geqq 0$ の表す領域を動くとき, $3x+2y$ の最大値と, そのときの x, y の値を求めよ。 〔流通科学大〕

58 次の問いに答えよ。 〔鳥取大〕

□(1) 連立不等式 $\begin{cases} x^2+y^2-4x-2y+3 \leqq 0 \\ x+3y-3 \geqq 0 \end{cases}$ の表す領域を図示せよ。

□(2) (1)の領域で $x+y$ のとりうる値の範囲を求めよ。

● **Check** │ **57** $3x+2y=k$ とおくとき, 傾きに注目して, どの点を通るとき y 切片 $\frac{1}{2}k$ が最大となるか考える。

58 (2)$x+y=k$ とおくと直線を表すから, (1)の領域の境界線の円に接するとき k は最大となる。

59 直線 $y=x$ と円 $x^2+y^2-2ax-2y+b-1=0$ が共有点をもたないとき，a, b の満たす関係式を求め，点 (a, b) の存在する領域を図示せよ。 〔福岡工業大一改〕

60 a, b, c は実数の定数で，$a>0$, $b\geqq0$ とする。実数 x, y に関する条件 p, q, r を次のように定める。 〔茨城大〕

$$p : x^2+y^2\leqq1, \quad q : \left(x-\frac{1}{2}\right)^2+\left(y-\frac{1}{2}\right)^2\leqq a^2, \quad r : y\leqq\sqrt{b}\,x+c$$

(1) 条件 q が条件 p であるための十分条件となるとき，a の値の範囲を求めよ。

(2) 条件 r が条件 p であるための必要条件となるとき，b, c が満たす条件を求め，それを bc 平面に図示せよ。

⊘**Check** | **59** 与式 $x^2+y^2-2ax-2y+b-1=0$ が円となる条件にも注意する。
　　　　　60 (1) 条件 q の表す領域が条件 p の表す領域に含まれる。

12 三角関数

解答 ▶ 別冊 p.15

📝 POINTS

1 弧度法

$180° = \pi$ (ラジアン)

弧度法では，角 θ の動径の表す角は，$\theta + 2n\pi$ （n は整数)

2 三角関数の相互関係

$$\tan\theta = \frac{\sin\theta}{\cos\theta} \qquad \sin^2\theta + \cos^2\theta = 1 \qquad 1 + \tan^2\theta = \frac{1}{\cos^2\theta}$$

3 三角数のグラフ

$y = \sin\theta$, $y = \cos\theta$ のグラフ

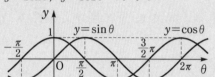

周期は 2π

$y = \tan\theta$ のグラフ

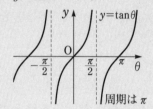

周期は π

☐ **61** $\sin^2\theta - \sin\theta = 1$ のとき，$\cos^2\theta$ の値を求めよ。

また，$1 - \sin\theta + \sin^2\theta - \sin^3\theta + \sin^4\theta$ の値を求めよ。 〔福岡大〕

☐ **62** $3\sin\theta + 4\cos\theta = 5$ が成り立っているとき，$\tan\theta$ の値を求めよ。 〔龍谷大〕

✔ **Check** | **61** $\sin\theta = t$ とおくと，$\sin^2\theta - \sin\theta = 1$ は t の2次方程式 $t^2 - t - 1 = 0$ となり，
$-1 \leqq t \leqq 1$
62 $\sin^2\theta + \cos^2\theta = 1$ を利用する。

63 $y=\dfrac{1}{3}\sin\left(\dfrac{1}{2}x-\dfrac{\pi}{3}\right)$ のグラフは，$y=\sin x$ のグラフを，y軸をもとにしてx軸方向へ $\boxed{(\mathcal{P})}$ 倍に拡大し，x軸をもとにしてy軸方向へ $\boxed{(\mathcal{A})}$ 倍に縮小し，それをx軸方向に $\boxed{(\mathcal{\dot{\mathcal{D}}})}$ だけ平行移動したものである。　〔成蹊大〕

64 関数 $y=2\cos 3x$ の周期のうち，正で最小のものは $\dfrac{\boxed{\text{ア}}}{\boxed{\text{イ}}}\pi$ である。

$0\leqq x\leqq 2\pi$ のとき，関数 $y=2\cos 3x$ において，$y=2$ となるxは $\boxed{\text{ウ}}$ 個，$y=-2$ となるxは $\boxed{\text{エ}}$ 個ある。

また，$y=\sin x$ と $y=2\cos 3x$ のグラフより，方程式 $\sin x=2\cos 3x$ は $0\leqq x\leqq 2\pi$ のとき $\boxed{\text{オ}}$ 個の解をもつことがわかる。

65 $y=\sin x-|\sin x|$ のグラフを $-\pi\leqq x\leqq\pi$ の範囲でかけ。　〔津田塾大〕

✅**Check** ｜ **63** $y=\dfrac{1}{3}\sin\left\{\dfrac{1}{2}\left(x-\dfrac{2}{3}\pi\right)\right\}$ と変形する。

64 $y=2\cos 3x$ と $y=\sin x$ のグラフをかいて考える。

65 $|\sin x|=\sin x$ になるときと，$|\sin x|=-\sin x$ になるときに分けて考える。

13 三角関数の応用

解答 ▶ 別冊 p.16

POINTS

1 三角関数の性質

$$\sin(-\theta)=-\sin\theta \qquad \cos(-\theta)=\cos\theta \qquad \tan(-\theta)=-\tan\theta$$

$$\sin(\theta+\pi)=-\sin\theta \qquad \cos(\theta+\pi)=-\cos\theta \qquad \tan(\theta+\pi)=\tan\theta$$

$$\sin\left(\theta+\frac{\pi}{2}\right)=\cos\theta \qquad \cos\left(\theta+\frac{\pi}{2}\right)=-\sin\theta \qquad \tan\left(\theta+\frac{\pi}{2}\right)=-\frac{1}{\tan\theta}$$

□ **66** $0\leqq\theta\leqq\pi$ のとき，方程式 $2\sin^2\theta-\sin\left(\frac{\pi}{2}+\theta\right)-2=0$ を満たす θ の値を求めよ。

〔同志社女子大〕

□ **67** $2\cos^2\theta+3\sin\theta-3=0$ を満たす θ の値を求めよ。ただし，$0\leqq\theta\leqq\pi$ とする。

〔滋賀大〕

□ **68** $0\leqq\theta<2\pi$ の範囲で，等式 $\sqrt{3}\,\tan\theta=(3+\tan^2\theta)\cos\theta$ を満たす角 θ を求めよ。

〔関西大〕

✔ **Check** | **66** $\sin^2\theta=1-\cos^2\theta$, $\sin\left(\frac{\pi}{2}+\theta\right)=\cos\theta$ として，$\cos\theta$ についての方程式をつくる。

67 $\cos^2\theta=1-\sin^2\theta$ を代入して，$\sin\theta$ についての方程式をつくる。

68 両辺に $\cos\theta$ をかけて，$\sin\theta$ についての方程式をつくる。

□ **69** $\dfrac{\pi}{2}<\theta<\pi$ のとき，$2\cos\theta-3\tan\theta>0$ を満たす θ の値の範囲を求めよ。 〔福岡大〕

□ **70** $-\dfrac{\pi}{6}\leqq x\leqq\dfrac{\pi}{3}$ のとき，$y=\cos^2 x+\sin x$ の最小値を求めよ。 〔創価大〕

□ **71** 関数 $y=\tan^2 x+\dfrac{1}{\cos x}+2$ の最小値を求めよ。 〔八戸工業大〕

✓**Check** │ **69** $\tan\theta=\dfrac{\sin\theta}{\cos\theta}$ を用いる。$\dfrac{\pi}{2}<\theta<\pi$ より，$\cos\theta<0$ である。

70 $\cos^2 x=1-\sin^2 x$ を代入して，$\sin x$ の2次関数を考える。

71 $\tan^2 x=\dfrac{1}{\cos^2 x}-1$ を代入して，$\dfrac{1}{\cos x}$ の2次関数を考える。

□ **72** 2つの放物線 $y=2\sqrt{3}\,(x-\cos\theta)^2+\sin\theta,\ y=-2\sqrt{3}\,(x+\cos\theta)^2-\sin\theta$ が相異なる2点で交わるような一般角 θ の範囲を求めよ。 〔東京大〕

□ **73** a を定数とする。方程式 $4\sin^2x+2\cos x+a=3$ の解の個数を，$-\pi<x\leqq\pi$ の範囲で求めよ。 〔大分大〕

✔Check │ **72** 2つの放物線の方程式を連立させて x の2次方程式をつくると，異なる2つの実数解をもつ。

73 $a=-4\sin^2x-2\cos x+3=4\cos^2x-2\cos x-1$ から，$\cos x=t$ とおいて，
$y=4t^2-2t-1$ のグラフを $-1\leqq t\leqq1$ でかく。直線 $y=a$ との共有点の個数を考える。

14 加法定理とその応用 ①

解答 ▶ 別冊 p.17

📎 POINTS

1 三角関数の加法定理

$$\sin(\alpha+\beta)=\sin\alpha\cos\beta+\cos\alpha\sin\beta \qquad \sin(\alpha-\beta)=\sin\alpha\cos\beta-\cos\alpha\sin\beta$$

$$\cos(\alpha+\beta)=\cos\alpha\cos\beta-\sin\alpha\sin\beta \qquad \cos(\alpha-\beta)=\cos\alpha\cos\beta+\sin\alpha\sin\beta$$

$$\tan(\alpha+\beta)=\frac{\tan\alpha+\tan\beta}{1-\tan\alpha\tan\beta} \qquad \tan(\alpha-\beta)=\frac{\tan\alpha-\tan\beta}{1+\tan\alpha\tan\beta}$$

2 2倍角の公式

$$\sin 2\alpha=2\sin\alpha\cos\alpha$$

$$\cos 2\alpha=\cos^2\alpha-\sin^2\alpha=2\cos^2\alpha-1=1-2\sin^2\alpha$$

$$\tan 2\alpha=\frac{2\tan\alpha}{1-\tan^2\alpha}$$

□ **74** $0<\alpha<\dfrac{\pi}{2}$, $0<\beta<\dfrac{\pi}{2}$ とする。このとき，$\begin{cases} \cos\alpha=2\cos\beta \\ \sin\beta=2\sin\alpha \end{cases}$ ならば，$\alpha+\beta=\dfrac{\pi}{2}$ であることを示せ。

□ **75** $\dfrac{\sin\theta+\cos\theta}{\sin\theta-\cos\theta}=7$ のとき，$\tan 2\theta$ の値を求めよ。

✅ **Check** | **74** $\cos(\alpha+\beta)$ を α または β の一方の三角関数のみで表す。

75 与式の左辺の分子と分母を $\cos\theta$ で割る。$\tan 2\theta=\dfrac{2\tan\theta}{1-\tan^2\theta}$ を利用する。

76 次の問いに答えよ。

□(1) $0 < \theta < \dfrac{\pi}{2}$ とする。

$$\tan\theta + \dfrac{1}{\tan\theta} = \dfrac{\boxed{\text{ア}}}{\sin\boxed{\text{イ}}\theta}, \quad \tan\theta - \dfrac{1}{\tan\theta} = \dfrac{\boxed{\text{ウエ}}\cos\boxed{\text{オ}}\theta}{\sin\boxed{\text{カ}}\theta}$$

であり、これらを用いて $\tan\dfrac{\pi}{12}$ を求めると、$\tan\dfrac{\pi}{12} = \boxed{\text{キ}} - \sqrt{\boxed{\text{ク}}}$ である。

□(2) θ が $\dfrac{\pi}{12} \leqq \theta \leqq \dfrac{\pi}{3}$ の範囲を動くとき、$\tan\theta + \dfrac{1}{\tan\theta}$ は、

$\theta = \dfrac{\pi}{\boxed{\text{ケ}}}$ のとき最小値$\boxed{\text{コ}}$、$\theta = \dfrac{\pi}{\boxed{\text{サシ}}}$ のとき最大値$\boxed{\text{ス}}$ をとる。

□ **77** 2次方程式 $27x^2 - 21x + a = 0$ の解が $x = \sin\theta,\ \cos 2\theta\ \left(\dfrac{\pi}{6} < \theta < \dfrac{\pi}{2}\right)$ であるとき、$\sin\theta$ の値と a の値を求めよ。 〔関西学院大〕

⊘ **Check** | **76** (2)(1)より、与式の変化する部分は分母の $\sin\boxed{\text{イ}}\theta$ だけなので、この最大・最小を考える。

77 解と係数の関係を用いて、$\sin\theta + \cos 2\theta$ を求め、$\cos 2\theta = 1 - 2\sin^2\theta$ を代入する。

78 原点をOとし，2直線 $y=\dfrac{12}{5}x$ ……① ，$y=-\dfrac{3}{4}(x-1)$ ……② の交点をA，x 軸と直線②の交点をBとする。∠AOBの二等分線 ℓ の方程式を求めよう。

ℓ と x 軸のなす角を θ とすると，$\tan 2\theta=\dfrac{\boxed{\text{アイ}}}{\boxed{\text{ウ}}}$ である。

2倍角の公式から $t=\tan\theta$ は，方程式 $\boxed{\text{エ}}\,t^2+\boxed{\text{オ}}\,t-\boxed{\text{カ}}=0$ を満たすことがわかる。これより，ℓ の方程式は $y=\dfrac{\boxed{\text{キ}}}{\boxed{\text{ク}}}x$ である。

線分OBのBの側への延長上に点Cをとる。ℓ の場合と同様にして，∠ABCの二等分線 m の方程式は，$y=\boxed{\text{ケ}}\,x-\boxed{\text{コ}}$ である。

したがって，ℓ と m の交点の座標は $\left(\dfrac{\boxed{\text{サ}}}{\boxed{\text{シ}}},\ \dfrac{\boxed{\text{ス}}}{\boxed{\text{セ}}}\right)$ である。

79 右の図のように，地面上の点Oの真上に長さ b の棒 AB が地面に垂直になるようにつるしてあり，その下端Aは地面から高さ a のところにある。ただし，$a>0$ とする。この棒を地面上を動く点Pから観測する。

このとき，∠BPA が最大になる点Pに対し OP の長さを求めよ。なお，地面は水平面とみなす。〔信州大〕

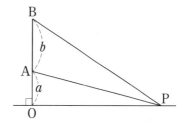

✓ Check | **78** $\tan 2\theta$ は直線①の傾きに一致し，$\tan\theta$ は直線 ℓ の傾きに一致する。

79 ∠BPA$=\theta$，∠OPA$=\alpha$，OP$=x$ として，$\tan(\theta+\alpha)$，$\tan\alpha$ を a，b，x で表す。

POINTS

1 三角関数の合成

$$a\sin\theta + b\cos\theta = \sqrt{a^2+b^2}\,\sin(\theta+\alpha) \quad \left(\text{ただし,}\ \cos\alpha = \frac{a}{\sqrt{a^2+b^2}},\ \sin\alpha = \frac{b}{\sqrt{a^2+b^2}}\right)$$

80 θ の関数 $y = \sin 2\theta + \sin\theta + \cos\theta$ について,次の問いに答えよ。 〔高知大一改〕

☐(1) $t = \sin\theta + \cos\theta$ とおいて,t のとりうる値の範囲を求め,y を t の関数で表せ。

☐(2) y のとりうる値の範囲を求めよ。

☐ **81** $0 \le x \le \pi$ のとき,$1 + \sin 2x = \sqrt{3}\,\sin\left(x + \dfrac{\pi}{4}\right)$ を満たす x の値を求めよ。 〔関西大〕

✓ Check | **80** (1) $\sin 2\theta = 2\sin\theta\cos\theta = (\sin\theta + \cos\theta)^2 - 1$ を利用する。

81 $\sin 2x,\ \sin\left(x + \dfrac{\pi}{4}\right)$ を $\sin x,\ \cos x$ で表す。または,$x + \dfrac{\pi}{4} = \theta$ として,角をすべて θ に直す。

☐ **82** 不等式 $\sin\theta-\sqrt{3}\cos\theta\geqq1$ $(0\leqq\theta<2\pi)$ を解け。 〔東北福祉大〕

☐ **83** $0\leqq\theta\leqq\pi$ のとき，不等式 $0<\sin\theta-\cos\theta<\sqrt{\dfrac{3}{2}}$ を満たす θ の値の範囲を求めよ。 〔東北学院大〕

84 次の問いに答えよ。 〔和歌山大〕

☐(1) $\sin\theta=\dfrac{1}{5}$ であるとき，$\sin3\theta$ の値を求めよ。

☐(2) $0\leqq x\leqq\pi$ とする。このとき，$-2\sin3x-\cos2x+3\sin x+1\leqq0$ を満たすような x の値の範囲を求めよ。

✔**Check** | **82**，**83** $a\sin\theta+b\cos\theta=\sqrt{a^2+b^2}\sin(\theta+\alpha)$, $\sin\alpha=\dfrac{b}{\sqrt{a^2+b^2}}$, $\cos\alpha=\dfrac{a}{\sqrt{a^2+b^2}}$

84 $\sin3\theta=\sin(2\theta+\theta)$ と考えて計算すると，$\sin3\theta=3\sin\theta-4\sin^3\theta$ となる。（3倍角の公式）

16 指数関数 ①

解答 ▶ 別冊 p.20

✏ **POINTS**

1 指数の拡張

$a>0$, m が整数, n が正の整数のとき,

① $a^0=1$, $a^{-n}=\dfrac{1}{a^n}$

② $a^{\frac{m}{n}}=\sqrt[n]{a^m}=(\sqrt[n]{a})^m$ 特に, $a^{\frac{1}{n}}=\sqrt[n]{a}$

2 指数法則

$a>0$, $b>0$ で, p, q が有理数のとき,

① $a^p a^q=a^{p+q}$ $\quad (a^p)^q=a^{pq}$ $\quad (ab)^p=a^p b^p$

② $\dfrac{a^p}{a^q}=a^{p-q}$ $\quad \left(\dfrac{a}{b}\right)^p=\dfrac{a^p}{b^p}$

□ **85** $\sqrt[4]{a^3 \cdot \sqrt[3]{a^2 \sqrt{a}}} \div \dfrac{1}{\sqrt[3]{a^{242}} \cdot \sqrt[6]{a^{13}}}$ を計算せよ。 〔職業能力開発総合大〕

□ **86** x が方程式 $\sqrt[3]{x+9}-\sqrt[3]{x-9}=3$ を満たすとき, x^2 の値を求めよ。 〔鳥取大〕

□ **87** 方程式 $2^{3x}-13\cdot2^{2x}+44\cdot2^x-32=0$ を解け。 〔自治医科大一改〕

✔ **Check** | **85** 指数を用いて表現するとよい。
86 方程式の両辺を3乗する。
87 $2^x=t$ とおく。

□ **88** 方程式 $8^{x+2}-2^{x+4}+2^{-x}=0$ を解け。　　　　〔立教大〕

□ **89** 連立方程式 $\begin{cases} 3^{y-1}-2^x=19 \\ 4^x+2^{x+1}-3^y=-1 \end{cases}$ を解け。　　　　〔西南学院大〕

□ **90** 不等式 $\left(\dfrac{1}{4}\right)^x-9\cdot\left(\dfrac{1}{2}\right)^{x-1}+32\leqq0$ を解け。　　　　〔関西大〕

✔**Check** │ **88** 両辺に 2^x をかけて，$4^{x+1}=t$ とおくとよい。

89 $2^x=s,\ 3^y=t$ とおく。このとき，$2^x>0,\ 3^y>0$ であることに注意する。

90 $\left(\dfrac{1}{2}\right)^x=t$ とおく。$\left(\dfrac{1}{2}\right)^{x_1}<\left(\dfrac{1}{2}\right)^{x_2}\Longleftrightarrow x_1>x_2$

17 指数関数 ②

解答 ▶ 別冊 p.21

🖊 **POINTS**

1 指数関数 $y=a^x$ の性質

①定義域は実数全体，値域は正の実数全体

②グラフは，点 $(0, 1)$ を通り，x 軸が漸近線である。

⑦ $a>1$ のとき，　$p<q \iff a^p<a^q$

④ $0<a<1$ のとき，$p<q \iff a^p>a^q$

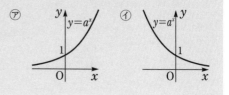

☐ **91** a は正の数で $a \neq 1$ とする。次の不等式を解け。　　　　　〔関西大〕

$$a^{3x}-a^{2x+1}+3a^{2x}-3a^{x+1}+2a^x-2a>0$$

☐ **92** 関数 $f(x)=3^{2x-1}-2 \cdot 3^{x+1}$ の $0 \leq x \leq 3$ における最大値と最小値を求めよ。

〔大阪産業大〕

☐ **93** $f(x)=6(2^x+2^{-x})-2(4^x+4^{-x})$ とする。$2^x+2^{-x}=t$ とおくとき，$f(x)$ を t を用いて表せ。また，関数 $f(x)$ の最大値を求めよ。　　　　　〔福岡大〕

✔**Check** │　**91** $a^x=t$ とおくと，常に $t>0$ である。$0<a<1$ のときと，$a>1$ のときに分ける。

　　　　　　92 $3^x=t$ とおいて，t についての 2 次関数を考える。t の変域に注意する。

　　　　　　93 $2^x+2^{-x}=t$ のとりうる値の範囲は，2^x と 2^{-x} の相加平均と相乗平均の関係を用いて求める。

42

□ **94** x についての方程式 $9^x + 2a \cdot 3^x + 2a^2 + a - 6 = 0$ が正の解，負の解を1つずつもつ
とき，定数 a のとりうる値の範囲を求めよ。　　　　　　　　　　　　　〔津田塾大〕

□ **95** $2^{x-2} + 3^{y-1} + 7^z = 11$，$2^x + 3^y - 2 \cdot 7^z = -1$，$2^{x-1} + 3^{y-2} + 7^{z-1} = 2^k$ を同時に満たす実
数 x，y，z が存在するように整数 k の値を定め，そのときの x，y，z の値のうち
整数となるものを求めよ。　　　　　　　　　　　　　　　　　　　　〔立命館大〕

✅ **Check** │ **94** $3^x = t$ とするとき，$x > 0$，$x < 0$ であるとはそれぞれ $t > 1$，$0 < t < 1$ と同値である。

　　　　　 95 $2^x = s$，$3^y = t$，$7^z = u$ とおき，s，t，u を 2^k で表す。$s > 0$，$t > 0$，$u > 0$ となる条件を
　　　　　　 考える。

18 対数関数 ①

🖉 POINTS

1 対 数

$a>0$, $a\neq1$, $M>0$ のとき, $a^p=M \iff p=\log_a M$

2 対数の性質

$a>0$, $a\neq1$, $M>0$, $N>0$ で, k が実数のとき,

$$\log_a MN=\log_a M+\log_a N \qquad \log_a \frac{M}{N}=\log_a M-\log_a N \qquad \log_a M^k=k\log_a M$$

3 底の変換公式

a, b, c は正の数で, $a\neq1$, $b\neq1$, $c\neq1$ のとき,

$$\log_a b=\frac{\log_c b}{\log_c a} \qquad 特に, \ \log_a b=\frac{1}{\log_b a}$$

96 次の式を簡単にせよ。

□(1) $4\log_3\sqrt{10}+\log_{\frac{1}{3}}25+\log_3\dfrac{9}{4}$ 〔早稲田大〕

□(2) $(\log_2 9+\log_8 3)(\log_3 16+\log_9 4)$ 〔立教大〕

□(3) $2^{\log_4 25}$ 〔法政大〕

✔**Check** | **96** (1)(2)底の変換公式を利用する。(3)与式を x とおいて, 両辺の 2 を底とする対数をとる。

□ **97** 0 でない数 a, b, c が $2^a=3^b=12^c$ を満たすとき，等式 $c=\dfrac{ab}{a+2b}$ が成り立つことを証明せよ。　　　　　　　〔東北学院大〕

98 次の方程式を解け。

□(1)　$5\log_3 3x^2-4(\log_3 x)^2+1=0$　　　　　　　　　　　　　　　　〔龍谷大〕

□(2)　$\log_x 4-\log_4 x^2-1=0$　　　　　　　　　　　　　　　　〔岐阜薬科大〕

□ **99** 連立方程式 $\begin{cases} 8\cdot 3^x-3^y=-27 \\ \log_2(x+1)-\log_2(y+3)=-1 \end{cases}$ を解け。　　　〔早稲田大〕

✔ **Check** │ **97** $2^a=3^b=12^c$ で各辺の対数をとって，a と b を c で表す。

　　　　 98 (1)$\log_3 x=t$ とおいて，t の2次方程式として解く。

　　　　　　(2)底の変換をして，$\log_4 x=t$ とおく。

　　　　 99 $\log_2 \dfrac{x+1}{y+3}=-1$ により，$\dfrac{x+1}{y+3}=\dfrac{1}{2}$ これを第1式に代入する。

19 対数関数 ②

解答 ▶ 別冊 p.23

✎ POINTS

1 対数関数 $y=\log_a x$ の性質

①定義域は正の実数全体，値域は実数全体

②グラフは，点 $(1,\ 0)$ を通り，y 軸が漸近線である。

　㋐ $a>1$ のとき，　　$p<q \iff \log_a p < \log_a q$

　㋑ $0<a<1$ のとき，　$p<q \iff \log_a p > \log_a q$

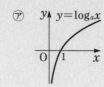

☐ **100** 3つの数 2，$\log_{\sqrt{2}} 3$，$\log_2 6$ を小さい順に並べよ。　　〔福岡大〕

☐ **101** 不等式 $\log_{10} x + \log_{10}(x-2) \leqq \log_{10}(x+10)$ を満たす x の値の範囲を求めよ。

☐ **102** $0<a<1$ のとき，x についての不等式 $\log_a(1-x^2) + \log_a 2 < \log_a 4 + 2\log_a x$ を解け。　　〔青山学院大〕

✔ **Check** │ **100** 底を2に変換した対数で，真数の大小を比較する。

　　　　　　101 真数は正であるという条件(真数条件)に注意する。

　　　　　　102 底が文字 a で，$0<a<1$ だから，対数の大小と真数の大小が反対になる。

□ **103** $1<x\leqq100$ のとき，関数 $y=\left(\log_{10}\dfrac{x}{100}\right)\left(\log_{10}\dfrac{1}{x}\right)$ が最大値をとる x の値と，最小値を求めよ。 〔名城大〕

□ **104** a を 1 より大きい定数とする。関数 $f(x)=(\log_2 x)^2-\log_2 x^4+1$ $(1\leqq x\leqq a)$ の最小値を求めよ。 〔日本女子大〕

□ **105** $a>1$，$b>1$ とする。$\log_a b+2\log_b a-3>0$ を満たす点 $(a,\ b)$ の存在範囲を図示せよ。 〔関西大〕

✔**Check** │ **103** $\log_{10}x=t$ とおき，t の 2 次関数を考える。
104 $\log_2 x=t$ とおき，t の 2 次関数を考える。
105 $\log_b a=\dfrac{1}{\log_a b}$ だから $\log_a b=t$ とおき，与式を t で表す。$a>1$，$b>1$ より，$t>0$ である。

20 常用対数

解答 ▶ 別冊 p.24

POINTS

1 常用対数

① 10 を底とする対数 $\log_{10} n$ を n の**常用対数**という。

② a が整数部分が n 桁の正の数であるとき，

$10^{n-1} \leqq a < 10^n$　すなわち，$n-1 \leqq \log_{10} a < n$

106 $\log_{10} 7 = 0.8451$ とする。　〔慶應義塾大〕

□(1)　7^6 の桁数を求めよ。

□(2)　7^{7^7} の桁数が 10^n より大きく，10^{n+1} より小さくなるような整数 n を求めよ。

□ **107** $\left(\dfrac{3}{5}\right)^{30}$ は小数第何位に初めて 0 でない数が現れるか。ただし，$\log_{10} 2 = 0.3010$，$\log_{10} 3 = 0.4771$ とする。　〔中部大〕

✔**Check** │ **106** (2) 7^{7^7} の桁数が 10^n より大きく，10^{n+1} より小さいから，$10^n < \log_{10} 7^{7^7} < 10^{n+1}$ が成り立つ。

107 自然数 n に対し $10^{-n-1} < x < 10^{-n}$ であれば，x は小数第 $(n+1)$ 位に初めて 0 でない数が現れる。

48

108 n を自然数とし，$a=5^n$ が 39 桁の数であるとする。ここで，$\log_{10}5=0.6990$，$\log_{10}3=0.4771$ を用いてよい。 〔岐阜聖徳学園大〕

□(1) n の値を求めよ。

□(2) a の一の位の数字と先頭の位の数字を求めよ。

109 次の問いに，$\log_{10}2=0.30103$ として答えよ。 〔横浜市立大〕

□(1) $2^{10}=1024$ を用いて，$\log_{10}1.024$ の値を求めよ。

□(2) 年 2.4% の複利で，1000 万円を借りた。まったく返済しない場合，負債が 2000 万円を超えるのは何年後か。

□ **110** A町の人口は近年減少傾向にある。現在のこの町の人口は前年同時期の人口と比べて，4% 減少したという。毎年この比率と同じ比率で減少すると仮定した場合，初めて人口が現在の半分以下になるのは何年後か。答えは整数で求めよ。
ただし，$\log_{10}2=0.3010$，$\log_{10}3=0.4771$ とする。 〔立教大〕

✓**Check**　| **108** (2) $\log_{10}a=38.445$ となり，$\log_{10}2<0.445<\log_{10}3$ であることから考える。
109 (2) n 年後として，$1000(1+0.024)^n>2000$ の両辺の 10 を底とする対数をとる。
110 n 年後として，$(1-0.04)^n\leqq0.5$ の両辺の 10 を底とする対数をとる。

21 導関数と接線

解答 ▶ 別冊 p.25

✏ POINTS

1 導関数

①関数 $f(x)$ の導関数 $f'(x) = \lim\limits_{h \to 0} \dfrac{f(x+h) - f(x)}{h}$

②関数 x^n の導関数は，$(x^n)' = nx^{n-1}$ （n は正の整数）

2 接線の方程式

曲線 $y = f(x)$ 上の点 $(a, f(a))$ における接線の方程式は，$y - f(a) = f'(a)(x - a)$

□ **111** $f(x)$ は x の3次以下の整式で表される関数で，次の条件⑦，④を満たしている。

⑦ x の最高次の項の係数と定数項が等しい。

④ $3f(x) - xf'(x) = x^2 - 4x + 3$

このとき，$f(x)$ を求めよ。ただし，$f'(x)$ は $f(x)$ の導関数である。 〔関西大〕

112 3次以下の整式で表される関数 $f(x)$ と，その導関数 $f'(x)$ との間には，

$f(x)f'(x) = 18x^3 + 63x^2 + 19x - 35$ という関係があるものとする。 〔愛知大〕

□(1) $f(x)$ が2次関数であることを証明せよ。

□(2) $f(x)$ を求めよ。

✅ **Check** | **111** $f(x) = ax^3 + bx^2 + cx + d$ とおいて，条件④を先に用いる。3次以下だから $a \neq 0$ とはしない。

112 (1)で2次関数であることが示されるから，(2)では $f(x) = ax^2 + bx + c$ （$a \neq 0$）とおく。

113 3次曲線 $C : y = x^3 - 3x$ および直線 $\ell : y = -3x$ について，次の問いに答えよ。

〔青山学院大一改〕

□(1) ℓ が原点 $(0, 0)$ における C の接線であることを示せ。

□(2) ℓ 上の原点以外の点 $\mathrm{P}(a, -3a)$ について，P を通る ℓ 以外の C の接線 m の方程式を求めよ。

□ **114** 2曲線 $y = 2x^3 + 2x^2 + a$，$y = x^3 + 2x^2 + 3x + b$ $(a, b$ は定数$)$ が接していて，接点における接線が点 $(2, 15)$ を通るとき，a, b の値と，接線の方程式を求めよ。

〔明治大〕

✅**Check** │ **113** (2)接点 $(t, t^3 - 3t)$ における接線の方程式に $(a, -3a)$ を代入し，t を a で表す。
114 2曲線の接点の x 座標を t とすると，その点におけるそれぞれの接線の傾きが一致する。

22 関数の極大・極小と最大・最小 ①

解答 ▶ 別冊 p.26

✏ POINTS

1 関数の増減

①$f'(x)>0$ となる区間で，$f(x)$ は増加する。

②$f'(x)<0$ となる区間で，$f(x)$ は減少する。

③常に $f'(x)=0$ となる区間では，$f(x)$ は定数である。

2 関数の極大・極小

①関数 $f(x)$ の値が $x=a$ を境に増加から減少に変わるとき，$f(x)$ は $x=a$ で極大。

②関数 $f(x)$ の値が $x=b$ を境に減少から増加に変わるとき，$f(x)$ は $x=b$ で極小。

□ **115** 関数 $f(x)=x^3-9x+a$（a は定数）の極小値が 0 であるとき，極大値を求めよ。

〔千葉工業大〕

116 a は正の定数とする。曲線 $y=x^2(x-a)$ 上の点 $\mathrm{P}(p,\ p^2(p-a))$ における接線 ℓ が y 軸と交わる点を $\mathrm{H}(0,\ h)$ とする。　〔広島大〕

□(1)　h を p の式で表せ。

□(2)　$p \geqq 0$ のとき，h を最大にする p の値を求めよ。また，そのときの接線 ℓ の方程式を求めよ。

✔ **Check** | **115** 増減表より，極小と極大となる x の値がわかる。

116 (2) p の関数 h を p で微分する。$h'=0$ となる p の値を a で表し，増減を調べる。

117 曲線 $y=x^3$ $(x \geqq 0)$ 上の点Pと直線 $y=3x-3$ との距離を d とする。 〔滋賀大〕

□(1) P(x, y) として，d を x で表せ。

□(2) d の最小値を求めよ。

118 自然数 n に対して $f(n)=n^3-60n$ とする。

□(1) $f(n)>0$ となる最小の n を求めよ。

□(2) $f(n)$ の最小値とそのときの n を求めよ。

第1章 第2章 第3章 第4章 第5章 第6章

✓**Check** │ **117** (2) d に絶対値記号がつくが，絶対値記号の中の部分を $f(x)$ とおいて，$f(x)$ の増減を調べる。

118 (2) x を実数としたときの $f(x)=x^3-60x$ の増減表を利用して，$f(n)$ の最小値をさがす。

23 関数の極大・極小と最大・最小 ②

解答 ▶ 別冊 p.27

✎ **POINTS**

1 関数の極大・極小

①関数 $f(x)$ が $x=a$ で極値をとるならば，$f'(a)=0$

　ただし，$f'(a)=0$ であっても，$f(a)$ が極値になるとは限らない。

②$f'(a)=0$ となる $x=a$ の前後で，

　㋐ $f'(x)$ の符号が正から負に変わるとき，$f(a)$ は極大値。

　㋑ $f'(x)$ の符号が負から正に変わるとき，$f(a)$ は極小値。

□ **119** 3次関数 $f(x)$ は $x=1$，$x=3$ で極値をとる。また，その極大値は2で，極小値は -2 である。このとき，この条件を満たす関数 $f(x)$ をすべて求めよ。　〔埼玉大〕

120 3次関数 $f(x)=x^3+3ax^2+3bx+1$ は $x=-1$ で極大値をとる。　〔大阪公立大〕

□(1)　$f(x)$ が $x=p$ で極小値をとるとき，b と p を a で表せ。

□(2)　$f(x)$ の極大値と極小値の差が $\dfrac{1}{2}$ のとき，a の値を求めよ。

✔**Check** │ **119** x^3 の係数が正負によって，$x=1$ と $x=3$ のどちらで極大になるか，極小になるかが変わる。

120 (1)x^3 の係数が正だから，増減を調べると，$x=-1$ で極大で $x=p$ で極小ならば，$-1<p$

54

□ **121** 1辺が x 軸上にあって，放物線 $y=6x-x^2$ と x 軸とで囲まれた部分に内接する長方形の面積の最大値を求めよ。また，そのときの長方形の周の長さを求めよ。

〔東邦大〕

122 表面積が $12\pi\,\mathrm{cm}^2$ である直円柱の密閉された缶を考える。ただし，缶の材料の厚さは考えないこととする。

〔群馬大〕

□(1) 缶の上と下にある円の半径を $x\,\mathrm{cm}$，缶の高さを $h\,\mathrm{cm}$ とするとき，h を x で表せ。

□(2) 缶の体積を最大にする x と h の値を求めよ。また，そのときの体積を求めよ。

✓ Check │ **121** 長方形の4頂点は $(p,\ 0)$，$(p,\ 6p-p^2)$，$(6-p,\ 0)$，$(6-p,\ 6p-p^2)$ とおける。
$(0<p<3)$

122 (2)(1)において x で表した h の関係式で，$h>0$ かつ $x>0$ により，x の範囲を考える。

24 方程式・不等式への応用

✐ POINTS

1 方程式の実数解

①$f(x)=0$ の実数解は，関数 $y=f(x)$ のグラフと x 軸の共有点の x 座標である。

②関数 $y=f(x)$ のグラフと x 軸の共有点の個数が，$f(x)=0$ の実数解の個数である。

□ **123** 3次関数 $y=x^3-\dfrac{3}{2}x^2-3x$ のグラフと直線 $y=3x+k$ が，3つの相異なる交点をもつような k の値の範囲を求めよ。

〔青山学院大〕

124 関数 $f(x)=x^3-2x^2+x$ について，次の問いに答えよ。 〔お茶の水女子大〕

□(1) $y=f(x)$ のグラフの概形をかけ。

□(2) 直線 $y=kx$ と $y=f(x)$ のグラフとの共有点の個数を，k の値で場合分けして求めよ。

● **Check** │ **123** $x^3-\dfrac{3}{2}x^2-3x=3x+k$ より $x^3-\dfrac{3}{2}x^2-6x=k$ として，$f(x)=x^3-\dfrac{3}{2}x^2-6x$ の増減を調べる。

124 (2)点 $(\alpha,\ \alpha^3-2\alpha^2+\alpha)$ における接線のうち原点を通るものを求め，傾きに着目する。

□ **125** a を正の定数とする。このとき，すべての $x \geqq 0$ に対して，不等式

$x^3 - a^3 \geqq 3a^2(x-a)$ が成り立つことを示せ。 〔学習院大一改〕

□ **126** $0 \leqq x \leqq 5$ を満たすすべての x に対して，次の不等式が成り立つような定数 a の値の範囲を求めよ。

$$\log_2 |a| \leqq 2x^3 - 15x^2 + 24x + 21 \leqq 2^{-a}$$ 〔長崎大〕

✔ **Check** │ **125** $x \geqq 0$ において，$f(x) = x^3 - a^3 - 3a^2(x-a)$ の増減を調べる。

126 $0 \leqq x \leqq 5$ における $f(x) = 2x^3 - 15x^2 + 24x + 21$ の最小値と最大値を求める。

POINTS

1 不定積分

① $F'(x)=f(x)$ のとき, $\displaystyle\int f(x)dx=F(x)+C$ （C は積分定数）

② $\displaystyle\int x^n dx=\frac{1}{n+1}x^{n+1}+C$ （n は 0 または正の整数）

2 定積分

$f(x)$ の不定積分の 1 つを $F(x)$ とするとき, $\displaystyle\int_a^b f(x)dx=\Big[F(x)\Big]_a^b=F(b)-F(a)$

3 微分と積分

a が定数のとき, $\displaystyle\frac{d}{dx}\int_a^x f(t)dt=f(x)$

□ **127** x の 2 次関数 $f(x)$ およびその原始関数 $F(x)$ が次の等式を満たすとき, $F(x)$ を求めよ。 〔星薬科大〕

$$x^2 f'(x)+F(x)=14x^3+6x^2+3x+5$$

□ **128** 関数 $f(x)$ が $f(x)=2x+\displaystyle\int_0^1 (x+t)f(t)dt$ を満たすとき, $f(x)$ を求めよ。 〔近畿大〕

✔ **Check** 　**127** $f(x)=ax^2+bx+c$ $(a\neq 0)$ とおいて, $f'(x)$ と $F(x)$ を表し, 与式に代入する。

　　　　　　128 $\displaystyle\int_0^1 (x+t)f(t)dt=x\int_0^1 f(t)dt+\int_0^1 tf(t)dt$

129 関数 $f(x)=x^2+ax+b$ は $\displaystyle\int_0^3 f(x)dx=6$ を満たしているとする。 〔広島工業大〕

□(1) 定数 a と b の間に成り立つ関係式を求めよ。

□(2) $f(x)$ の $-1 \leqq x \leqq 1$ における最大値が 2 となるとき，a と b の値を求めよ。

□ **130** $-3 \leqq x \leqq 3$ のとき，関数 $\displaystyle f(x)=\int_{-3}^x (t^2-2t-3)dt$ のとりうる値の範囲を求めよ。

〔群馬大〕

Check | **129** (2) $f(x)$ の x^2 の係数が正なので，最大値は $f(-1)$ か $f(1)$ のどちらかで，軸の位置で決まる。

130 $f'(x)=x^2-2x-3=(x-3)(x+1)$ となることから，$-3 \leqq x \leqq 3$ で増減表を書く。

26 面 積 ①

解答 ▶ 別冊 p.30

POINTS

1 面 積

$a \leqq x \leqq b$ で，$f(x) \geqq 0$ のとき，曲線 $y=f(x)$ と x 軸，2直線 $x=a$，$x=b$ で囲まれた部分の面積 S は，$S=\displaystyle\int_a^b f(x)dx$

□ **131** 右の図のように，原点Oを通る直線 $\ell : y=mx$ が，第1象限の点 $\mathrm{P}(a, b)$ で，放物線 $C : y=x^2-2x+c$ に接している。このとき，直線 ℓ，y 軸，および放物線 C で囲まれた領域(図の斜線部分)の面積 S を a で表せ。　〔岩手大〕

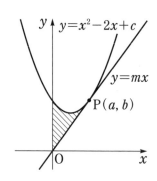

132 放物線 $y=-x^2+x$ の原点における接線を ℓ_1，点 $(2, -2)$ における接線を ℓ_2 とする。　〔立教大一改〕

□(1)　2つの接線 ℓ_1，ℓ_2 の方程式を求めよ。

□(2)　この放物線と2つの接線 ℓ_1，ℓ_2 により囲まれた図形の面積を求めよ。

✓**Check**　**131** 点Pにおける接線の傾きが m であり，曲線 C と直線 ℓ は $x=a$ における y 座標が一致する。

132 (2) 2つの接線 ℓ_1 と ℓ_2 の交点の x 座標を a とすると，求める面積は $0 \leqq x \leqq a$ と $a \leqq x \leqq 2$ における面積の和である。

133 座標平面上の原点Oを中心とする半径2の円をCとする。また，放物線
$y=\sqrt{3}\,(x-2)^2$ と円Cの交点の1つをP$(2,\ 0)$とし，他の1つをQとする。

〔岡山大〕

□(1) 点Qの座標を求めよ。

□(2) 円Cの弧PQのうちの短いほうと，放物線 $y=\sqrt{3}\,(x-2)^2$ により囲まれた図形の面積を求めよ。

134 次の問いに答えよ。 〔群馬大〕

□(1) 放物線 $y=-x^2+bx+c$ がx軸と相異なる2点 $x=\alpha,\ \beta\ (\alpha<\beta)$ で交わるとき，放物線とx軸で囲まれた図形の面積をαとβで表せ。

□(2) 放物線 $y=x(3-x)$ とx軸で囲まれた図形の面積を，直線 $y=ax$ が2等分するとき，aの値を求めよ。

✅**Check** │ **133** (2)求める部分の面積をS_1とし，半径OP，OQと放物線$y=\sqrt{3}\,(x-2)^2$で囲まれた部分の面積をS_2とすると，$S_1+S_2=$扇形OPQ となる。

134 (2)(1)の結果を利用する。

27 面 積 ②

⌗ POINTS

1 面 積

$a \leqq x \leqq b$ で $f(x) \geqq g(x)$ のとき，2つの曲線 $y=f(x)$，$y=g(x)$，2直線 $x=a$，$x=b$ で囲まれた部分の面積 S は，

$$S=\int_a^b \{f(x)-g(x)\}\,dx$$

□ **135** 放物線 $y=2x-x^2$ と x 軸とで囲まれた図形を，直線 $y=kx$ で分割する。このとき，$y \geqq kx$ の部分と $y \leqq kx$ の部分との面積の比が $1:2$ となるような定数 k の値を求めよ。 〔福島大〕

136 放物線 $C: y=x^2+2x+a$ と直線 $\ell: y=mx+1$ を考える。 〔岐阜大〕

□(1) どのような m に対しても，放物線 C と直線 ℓ が異なる2点で交わるための a の値の範囲を求めよ。

□(2) a が(1)で求めた範囲にあるとする。放物線 C と直線 ℓ とで囲まれた領域の面積が最小となる m の値を求めよ。また，その最小値が1となるときの a の値を求めよ。

✔ **Check** | **135** 放物線 $y=2x-x^2$ と $y=kx$ とで囲まれた図形の面積を $S(k)$ とするとき，
$3S(k)=S(0)$
136 (2)放物線 C と直線 ℓ とで囲まれた図形の面積 S を，C と ℓ の交点の x 座標で表す。

137 放物線 $P_1 : y = x^2$ と $P_2 : y = -(x-t)^2 + t + 1$（$t$ は実数）について，次の問いに
答えよ。　　　　　　　　　　　　　　　　　　　　　　　　〔お茶の水女子大〕

□(1)　P_1 と P_2 が相異なる 2 点で交わるような t の範囲を求めよ。

□(2)　t が(1)で求めた範囲にあるとき，P_1 と P_2 で囲まれた領域の面積を t の式で表せ。

□(3)　t が(1)で求めた範囲にあるとき，(2)の面積の最大値を求めよ。

138 次の問いに答えよ。　　　　　　　　　　　　　　　　　　　　〔東京学芸大〕

□(1)　放物線 $C_1 : y = a^2 - (x-a)^2$ と直線 $x = 1$ との交点の y 座標 b が，$0 < b < 1$ を満
たすような a の値の範囲を求めよ。

□(2)　a が(1)で得られた範囲にあるとき，C_1 と放物線 $C_2 : y = x^2$ で囲まれた部分の面
積が，C_1，C_2 と直線 $x = 1$ で囲まれた部分の面積に等しくなるような a の値を求
めよ。

✓**Check** | **137** (2) P_1 と P_2 の交点の x 座標を求め，それを α，β（$\alpha < \beta$）とおくと，式を表しやすい。
　　　　　138 (1) $x = 1$，$y = b$ が C_1 の方程式を満たす。b を a で表し，$0 < b < 1$ に代入する。

装丁デザイン　ブックデザイン研究所
本文デザイン　未来舎
　図　版　デザインスタジオエキス.

本書に関する最新情報は, 小社ホームページにある**本書の「サポート情報」**をご覧ください。(開設していない場合もございます。)
なお, この本の内容についての責任は小社にあり, 内容に関するご質問は直接小社におよせください。

高校　トレーニングノートβ　数学II

編著者	高校教育研究会	発行所	受験研究社
発行者	岡　本　泰　治		
印刷所	岩　岡　印　刷		©株式会社 増進堂・受験研究社

〒 550-0013 大阪市西区新町2丁目19番15号
注文・不良品などについて：(06)6532-1581(代表)／本の内容について：(06)6532-1586(編集)

Training Note β
トレーニングノート β

数学 II

解答・解説

解答・解説

第1章 ｜ 式と証明

1 式の展開と因数分解，二項定理 (p.2〜3)

1 (1) $(a-b)^3(a+b)^3(a^2+b^2)^3$
$=\{(a-b)(a+b)\}^3(a^2+b^2)^3$
$=(a^2-b^2)^3(a^2+b^2)^3$
$=\{(a^2-b^2)(a^2+b^2)\}^3$
$=(a^4-b^4)^3$
$=\boldsymbol{a^{12}-3a^8b^4+3a^4b^8-b^{12}}$

(2) $(x^2+xy+y^2)(x^2+y^2)(x-y)^2(x+y)$
$=\{(x-y)(x^2+xy+y^2)\}(x^2+y^2)\{(x-y)(x+y)\}$
$=(x^3-y^3)(x^2+y^2)(x^2-y^2)$
$=(x^3-y^3)(x^4-y^4)$
$=\boldsymbol{x^7-x^4y^3-x^3y^4+y^7}$

2 (1) $a^3-(b+c)^3$
$=\{a-(b+c)\}\{a^2+a(b+c)+(b+c)^2\}$
$=\boldsymbol{(a-b-c)(a^2+ab+ac+b^2+2bc+c^2)}$

(2) $x^3-27y^3+x^2+3xy+9y^2$
$=(x-3y)(x^2+3xy+9y^2)+(x^2+3xy+9y^2)$
$=\boldsymbol{(x-3y+1)(x^2+3xy+9y^2)}$

3 (1) $x^3+y^3+z^3-3xyz$
$=(x+y)^3-3xy(x+y)+z^3-3xyz$
$=(x+y)^3+z^3-3xy(x+y+z)$
$=\{(x+y)+z\}^3-3(x+y)z\{(x+y)+z\}$
$\quad-3xy(x+y+z)$
$=(x+y+z)\{(x+y+z)^2-3xy-3yz-3zx\}$
$=\boldsymbol{(x+y+z)(x^2+y^2+z^2-xy-yz-zx)}$

(2) $1+8s^3+27t^3-18st$
$=1^3+(2s)^3+(3t)^3-3\times1\times2s\times3t$
$=\boldsymbol{(1+2s+3t)(1+4s^2+9t^2-2s-3t-6st)}$

4 $(3x^2-y)^7$ を展開したときの一般項は
${}_7C_r(3x^2)^{7-r}(-y)^r={}_7C_r3^{7-r}(-1)^rx^{2(7-r)}y^r$
だから，$x^{2(7-r)}y^r$ が x^8y^3 に一致するとき $r=3$ であるから，その係数は
${}_7C_33^4(-1)^3=\boldsymbol{-2835}$
また，係数が21となるのは
${}_7C_r3^{7-r}(-1)^r=21$ ……①
①の右辺は正の数だから，r は偶数になり，$7-r$ は奇数となる。
さらに，${}_7C_r\geqq1$ だから，$3^{7-r}\leqq21$ を満たすのは，$r=6$ のみである。
$r=6$ のとき，${}_7C_63(-1)^6=21$ となり，適する。
このとき，y の次数は，**6**

5 $(x-3y+2z)^5$ の展開式で，xy^2z^2 の項は，

$\dfrac{5!}{1!2!2!}x(-3y)^2(2z)^2=1080xy^2z^2$
よって，その係数は，**1080**

別解 **二項定理を用いる方法**
与式を $\{(x-3y)+2z\}^5$ として，二項定理より，この展開式の xy^2z^2 の項は，z の次数に注目して，
${}_5C_2(x-3y)^3(2z)^2=40(x-3y)^3z^2$
次に，$(x-3y)^3$ の展開式で，xy^2 の項は，
$3x(-3y)^2=27xy^2$
よって，xy^2z^2 の係数は，
$40\times27=\boldsymbol{1080}$

6 $(1+x+x^2)^5$ の展開式の一般項は，
$\dfrac{5!}{p!q!r!}1^px^q(x^2)^r=\dfrac{5!}{p!q!r!}x^{q+2r}$
　($p+q+r=5$，p,q,r は0以上の整数)
x^{q+2r} が x^6 となるとき，$q+2r=6$ であるから，
$r=1$，2，3 で，$r=1$ のとき，$q=4$，$p=0$
$r=2$ のとき，$q=2$，$p=1$
$r=3$ のとき，$q=0$，$p=2$
すなわち，$(p,q,r)=(0,4,1)$，$(1,2,2)$，$(2,0,3)$
x^6 の係数は
$\dfrac{5!}{0!4!1!}+\dfrac{5!}{1!2!2!}+\dfrac{5!}{2!0!3!}=5+30+10=\boldsymbol{45}$

2 整式の除法と分数式 (p.4〜5)

7 (1) 求める整式は，
$(2x^2-4x-5)(2x-1)-3$
$=\boldsymbol{4x^3-10x^2-6x+2}$

(2) 求める整式を $B(x)$ とおくと，
$2x^4+4x^3-5x^2-3x+1$
$=B(x)(2x^2-3)+3x-2$
つまり，
$B(x)(2x^2-3)=2x^4+4x^3-5x^2-6x+3$
$B(x)=(2x^4+4x^3-5x^2-6x+3)\div(2x^2-3)$

$$
\begin{array}{r}
x^2+2x-1 \\
2x^2-3\overline{)2x^4+4x^3-5x^2-6x+3} \\
\underline{2x^4\qquad-3x^2\qquad} \\
4x^3-2x^2-6x \\
\underline{4x^3\qquad-6x} \\
-2x^2\qquad+3 \\
\underline{-2x^2\qquad+3} \\
0
\end{array}
$$

よって，$B(x)=\boldsymbol{x^2+2x-1}$

8 Q を $2x^2+5$ で割ったときの商を R とし，R を $3x^2+5x+2$ で割ったときの商を S とする。
$Q=(2x^2+5)R+7x-4$ ……①
$R=(3x^2+5x+2)S+3x+8$ ……②

②を①へ代入すると，
$$Q=(2x^2+5)\{(3x^2+5x+2)S+3x+8\}+7x-4$$
$$=(3x^2+5x+2)(2x^2+5)S$$
$$+(2x^2+5)(3x+8)+7x-4$$
$$=(3x^2+5x+2)(2x^2+5)S$$
$$+6x^3+16x^2+22x+36$$
ここで，
$$6x^3+16x^2+22x+36$$
$$=(3x^2+5x+2)(2x+2)+8x+32$$
となるから，
$$Q=(3x^2+5x+2)\{(2x^2+5)S+2x+2\}+8x+32$$
よって，求める余りは，**$8x+32$**

9 (1) （与式）
$$=\frac{(3x+5)(x-1)}{(3x+5)(2x+3)}\times\frac{(3x-1)(2x+3)}{(3x-2)(x-3)}$$
$$=\frac{(x-1)(3x-1)}{(3x-2)(x-3)}$$

(2) （与式）
$$=\frac{(2x+y)(4x^2-2xy+y^2)}{(3x+2y)(3x-2y)(2x+y)}\div\frac{4x^2-2xy+y^2}{(3x+2y)(x-3y)}$$
$$=\frac{(2x+y)(4x^2-2xy+y^2)}{(3x+2y)(3x-2y)(2x+y)}\times\frac{(3x+2y)(x-3y)}{4x^2-2xy+y^2}$$
$$=\frac{x-3y}{3x-2y}$$

(3) （与式）
$$=\frac{2}{x(x+1)}+\frac{5x-5}{(x-4)(x+1)}-\frac{x+1}{x(x-4)}$$
$$=\frac{2(x-4)+x(5x-5)-(x+1)^2}{x(x+1)(x-4)}$$
$$=\frac{4x^2-5x-9}{x(x+1)(x-4)}$$
$$=\frac{(4x-9)(x+1)}{x(x+1)(x-4)}$$
$$=\frac{4x-9}{x(x-4)}$$

(4) （与式）
$$=\left(\frac{1}{x}-\frac{1}{x+1}\right)-\left(\frac{1}{x+2}-\frac{1}{x+3}\right)$$
$$=\frac{1}{x(x+1)}-\frac{1}{(x+2)(x+3)}$$
$$=\frac{(x+2)(x+3)-x(x+1)}{x(x+1)(x+2)(x+3)}$$
$$=\frac{2(2x+3)}{x(x+1)(x+2)(x+3)}$$

別解 （与式）
$$=\left(\frac{1}{x}-\frac{1}{x+2}\right)-\left(\frac{1}{x+1}-\frac{1}{x+3}\right)$$
$$=\frac{2}{x(x+2)}-\frac{2}{(x+1)(x+3)}$$
$$=\frac{2(x+1)(x+3)-2x(x+2)}{x(x+2)(x+1)(x+3)}$$

$$=\frac{2(2x+3)}{x(x+1)(x+2)(x+3)}$$

☑注意
①分数式で約分できるときは，約分しておく。
②通分したときに(3)のように分子が 2 次以下の整式の計算になればよいが，(4)において，初めから全体で通分すると，与式の分母が
$x(x+1)(x+2)(x+3)$ で，分子は
$(x+1)(x+2)(x+3)-x(x+2)(x+3)$
$-x(x+1)(x+3)+x(x+1)(x+2)$
となる。
計算を複雑にしないため，解答のようにした。

③ 恒等式，等式の証明　　(p.6～7)

10 右辺を展開して整理すると，
$$x^3-x^2+x-1$$
$$=x^3+(a-3)x^2+(3-2a+b)x+(a-b+c-1)$$
これが x についての恒等式となるから，
$$\begin{cases}-1=a-3\\1=3-2a+b\\-1=a-b+c-1\end{cases}$$
よって，
$a=2,\ b=2,\ c=0$

別解　等式の両辺に，$x=0,\ 1,\ 2$ を代入すると，
$$\begin{cases}-1=-1+a-b+c\\0=c\\5=1+a+b+c\end{cases}$$
よって，
$a=2,\ b=2,\ c=0$
逆に，これらを与式に代入すると，
$$x^3-x^2+x-1=(x-1)^3+2(x-1)^2+2(x-1)$$
となり，確かに恒等式となっている。

☑注意
上の別解では，恒等式は任意の値に対して成り立つことから，適当な x の値を代入して，a，b，c を決定した。しかし，それだけでは，「いくつかの x の値に対して成り立つ等式」であり，恒等式となるとは限らない。そこで，この解法の場合には恒等式となることを示す必要がある。なお，a，b，c の 3 個を決定するため，3 個の条件式が必要である。そのため，x の値を 3 個代入している。

11 $y=2-x$ を $ax^2+bx+cy^2=1$ に代入すると，
$$ax^2+bx+c(2-x)^2=1$$
$$(a+c)x^2+(b-4c)x+4c=1$$
これが x についての恒等式となるから，

$$\begin{cases} a+c=0 \\ b-4c=0 \\ 4c=1 \end{cases}$$

よって，$a=-\dfrac{1}{4}$，$b=1$，$c=\dfrac{1}{4}$

12 $A(x)=px^3+qx^2+rx+1$ $(p\neq 0)$ とおく。
$A(2x+1)=cA(x)$ が成立することより，
$p(2x+1)^3+q(2x+1)^2+r(2x+1)+1$
$=c(px^3+qx^2+rx+1)$
展開して整理すると，
$8px^3+(12p+4q)x^2+(6p+4q+2r)x$
$\quad +(p+q+r+1)$
$=cpx^3+cqx^2+crx+c$
これが x についての恒等式となるから，
$$\begin{cases} 8p=cp \\ 12p+4q=cq \\ 6p+4q+2r=cr \\ p+q+r+1=c \end{cases}$$
$p\neq 0$ であることを用いて，
$c=8$，$p=1$，$q=3$，$r=3$
よって，$c=8$，$A(x)=x^3+3x^2+3x+1=\boldsymbol{(x+1)^3}$

13 $\dfrac{x+y}{4}=\dfrac{y+z}{6}=\dfrac{z+x}{5}=k$ $(k\neq 0)$ とおくと，
$$\begin{cases} x+y=4k \\ y+z=6k \\ z+x=5k \end{cases}$$
よって，$x+y+z=\dfrac{1}{2}(4k+6k+5k)=\dfrac{15}{2}k$

これより，$x=\dfrac{15}{2}k-6k=\dfrac{3}{2}k$

同様にして，$y=\dfrac{5}{2}k$，$z=\dfrac{7}{2}k$

$k\neq 0$ より，$x:y:z=\dfrac{3}{2}k:\dfrac{5}{2}k:\dfrac{7}{2}k$
よって，
$x:y:z=3:5:7$ ……(ア)，(イ)
$\dfrac{(x+y)(y+z)(z+x)}{(x-y)(y-z)(z-x)}=\dfrac{4k\cdot 6k\cdot 5k}{(-k)\cdot(-k)\cdot 2k}$
$\qquad =\boldsymbol{60}$ ……(ウ)

14 (1)与式より，
$\dfrac{bc+ca+ab}{abc}=\dfrac{1}{a+b+c}$
$(a+b+c)(bc+ca+ab)=abc$
$a^2(b+c)+a(b^2+2bc+c^2)+(b^2c+bc^2)=0$
$a^2(b+c)+a(b+c)^2+bc(b+c)=0$
$(b+c)\{a^2+a(b+c)+bc\}=0$
$(b+c)(c+a)(a+b)=0$
よって，$a+b=0$ または $b+c=0$ または
$c+a=0$ となる。
(2) (1)より，$a+b=0$ のとき $a=-b$ を代入する。

---

n が奇数だから，
(左辺)$=\dfrac{1}{(-b)^n}+\dfrac{1}{b^n}+\dfrac{1}{c^n}$
$\qquad =-\dfrac{1}{b^n}+\dfrac{1}{b^n}+\dfrac{1}{c^n}=\dfrac{1}{c^n}$
(右辺)$=\dfrac{1}{(-b+b+c)^n}=\dfrac{1}{c^n}$
よって，$\dfrac{1}{a^n}+\dfrac{1}{b^n}+\dfrac{1}{c^n}=\dfrac{1}{(a+b+c)^n}$
$b+c=0$ または $c+a=0$ のときも同様に示される。

4 不等式の証明 (p.8〜9)

15 $(a^2+b^2+c^2)(x^2+y^2+z^2)-(ax+by+cz)^2$
$=a^2x^2+a^2y^2+a^2z^2+b^2x^2+b^2y^2+b^2z^2$
$\quad +c^2x^2+c^2y^2+c^2z^2-a^2x^2-b^2y^2-c^2z^2$
$\quad -2abxy-2bcyz-2cazx$
$=a^2y^2-2abxy+b^2x^2+b^2z^2-2bcyz$
$\quad +c^2y^2+c^2x^2-2cazx+a^2z^2$
$=(ay-bx)^2+(bz-cy)^2+(cx-az)^2$
a，b，c，x，y，z は実数だから，
$(ay-bx)^2+(bz-cy)^2+(cx-az)^2\geqq 0$
よって，
$(a^2+b^2+c^2)(x^2+y^2+z^2)\geqq (ax+by+cz)^2$
等号成立は，
$ay-bx=0$ かつ $bz-cy=0$ かつ $cx-az=0$
すなわち，$\dfrac{x}{a}=\dfrac{y}{b}=\dfrac{z}{c}$ のときである。

16 $0<a<b$，$a+b=1$ より，$b=1-a$ だから，
$0<a<1-a$ つまり，$0<a<\dfrac{1}{2}$ ……① が成り立つ。

(1) $2ab-\dfrac{1}{2}=2a(1-a)-\dfrac{1}{2}$
$\qquad =-2a^2+2a-\dfrac{1}{2}$
$\qquad =-2\left(a-\dfrac{1}{2}\right)^2<0$

よって，$2ab<\dfrac{1}{2}$

(2) $(a^2+b^2)-b=a^2+(1-a)^2-(1-a)$
$\qquad =2a^2-a$
$\qquad =a(2a-1)$
①より，$a>0$，$2a-1<0$ だから，$a(2a-1)<0$
よって，$\boldsymbol{a^2+b^2<b}$

(3) $\left(1+\dfrac{1}{a}\right)\left(1+\dfrac{1}{b}\right)-9=1+\dfrac{1}{a}+\dfrac{1}{b}+\dfrac{1}{ab}-9$
$\qquad =\dfrac{a+b}{ab}+\dfrac{1}{ab}-8=\dfrac{2-8ab}{ab}$
ここで，$b=1-a$ であることと，$2a-1\neq 0$ より，

4

$$2-8ab=2-8a(1-a)$$
$$=8a^2-8a+2$$
$$=2(2a-1)^2>0$$

また，$ab>0$ であるから，$\dfrac{2-8ab}{ab}>0$

よって，$\left(1+\dfrac{1}{a}\right)\left(1+\dfrac{1}{b}\right)>9$

別解 上の解答において，

$\left(1+\dfrac{1}{a}\right)\left(1+\dfrac{1}{b}\right)-9=\dfrac{2}{ab}-8$

(1)で示した $2ab<\dfrac{1}{2}$ により，$(0<)ab<\dfrac{1}{4}$

つまり，$\dfrac{2}{ab}>8$ となるから，

$\left(1+\dfrac{1}{a}\right)\left(1+\dfrac{1}{b}\right)>9$

☑注意

A，B が正の数ならば，次の式のように **相加平均と相乗平均の関係** が成り立つ。

$$\dfrac{A+B}{2}\geqq\sqrt{AB}$$

等号が成立する条件が $A=B$ であるから，この問題のように $a\neq b$ であれば，

$\dfrac{a+b}{2}>\sqrt{ab}$ である。

さらに，$a+b=1$ であるから，

$\dfrac{1}{2}>\sqrt{ab}$ つまり $\dfrac{1}{4}>ab$ が成り立つ。

このことより，(1)の $2ab<\dfrac{1}{2}$ がいえる。

---

17 $(2\sqrt{a}+3\sqrt{b})^2-(\sqrt{4a+9b})^2$

$=4a+12\sqrt{ab}+9b-(4a+9b)$

$=12\sqrt{ab}$

$a>0$，$b>0$ だから，$12\sqrt{ab}>0$

$(2\sqrt{a}+3\sqrt{b})^2>(\sqrt{4a+9b})^2$

$2\sqrt{a}+3\sqrt{b}>0$，$\sqrt{4a+9b}>0$ であるから，

$2\sqrt{a}+3\sqrt{b}>\sqrt{4a+9b}$ が成り立つ。

---

18 各辺とも 0 以上なので，平方しても大小関係は変わらない。

よって，次の不等式を証明する。

$a^2+b^2\leqq(|a|+|b|)^2$ ……①

$(|a|+|b|)^2\leqq2(a^2+b^2)$ ……②

①について，

$(|a|+|b|)^2-(a^2+b^2)$

$=|a|^2+2|a||b|+|b|^2-a^2-b^2$

$=2|ab|\geqq0$

よって，$\sqrt{a^2+b^2}\leqq|a|+|b|$

等号成立は，$a=0$ または $b=0$ のとき。

---

②について，

$2(a^2+b^2)-(|a|+|b|)^2$

$=2a^2+2b^2-(|a|^2+2|a||b|+|b|^2)$

$=|a|^2-2|a||b|+|b|^2$

$=(|a|-|b|)^2\geqq0$

よって，$|a|+|b|\leqq\sqrt{2(a^2+b^2)}$

等号成立は $|a|=|b|$ つまり $a=b$ または $a=-b$ のとき。

以上より，

$\sqrt{a^2+b^2}\leqq|a|+|b|\leqq\sqrt{2(a^2+b^2)}$ が成り立つ。

---

19 $a>0$，$b>0$，$c>0$ のとき，$ab>0$，$bc>0$，$ca>0$ だから，相加平均と相乗平均の関係より，

$ab+\dfrac{1}{bc}\geqq2\sqrt{\dfrac{ab}{bc}}$

$bc+\dfrac{1}{ca}\geqq2\sqrt{\dfrac{bc}{ca}}$

$ca+\dfrac{1}{ab}\geqq2\sqrt{\dfrac{ca}{ab}}$

各辺とも正の数だから，辺々かけると，

$\left(ab+\dfrac{1}{bc}\right)\left(bc+\dfrac{1}{ca}\right)\left(ca+\dfrac{1}{ab}\right)$

$\geqq8\sqrt{\dfrac{ab}{bc}\cdot\dfrac{bc}{ca}\cdot\dfrac{ca}{ab}}=8$

等号成立の条件は，

$ab=\dfrac{1}{bc}$ かつ $bc=\dfrac{1}{ca}$ かつ $ca=\dfrac{1}{ab}$ ……①

辺々かけると，$(abc)^2=\dfrac{1}{(abc)^2}$

$a>0$，$b>0$，$c>0$ だから，$abc=1$

これを①に用いると，$a=b=c=1$ となる。

よって，このとき，与式の最小値は **8**

☑注意

$ab+\dfrac{1}{bc}\geqq2\sqrt{\dfrac{ab}{bc}}$，$bc+\dfrac{1}{ca}\geqq2\sqrt{\dfrac{bc}{ca}}$，

$ca+\dfrac{1}{ab}\geqq2\sqrt{\dfrac{ca}{ab}}$ だからといって，

$\left(ab+\dfrac{1}{bc}\right)\left(bc+\dfrac{1}{ca}\right)\left(ca+\dfrac{1}{ab}\right)$

$\geqq8\sqrt{\dfrac{ab}{bc}\cdot\dfrac{bc}{ca}\cdot\dfrac{ca}{ab}}$

となるのか。

一般には，1 つの式を $P(x)$ と $Q(x)$ の 2 つの式に分割し，$P(x)$ の最小値が p，$Q(x)$ の最小値が q だとしても，$P(x)\times Q(x)$ の最小値が $p\times q$ であるとは限らない。つまり，$P(x)$ と $Q(x)$ が最小値をとるのが同じ x の値とは限らないからである。

最小値をいつとるのか，つまり等号がいつ成り立つのかを調べておくことは大切である。

5 複素数 (p.10〜11)

20 (1) $\dfrac{1-2i}{3-i}-\dfrac{5+i}{5i}$

$=\dfrac{(1-2i)(3+i)}{(3-i)(3+i)}-\dfrac{(5+i)i}{5i^2}$

$=\dfrac{5-5i}{10}+\dfrac{5i-1}{5}$

$=\dfrac{3+5i}{10}$

別解 $\dfrac{1-2i}{3-i}-\dfrac{5+i}{5i}$

$=\dfrac{(1-2i)\cdot 5i-(5+i)(3-i)}{(3-i)\cdot 5i}$

$=\dfrac{7i-6}{15i+5}$

$=\dfrac{(7i-6)(3i-1)}{5(3i+1)(3i-1)}$

$=\dfrac{3+5i}{10}$

(2) $\left(\dfrac{5+i}{2+3i}\right)^4=\left\{\dfrac{(5+i)(2-3i)}{(2+3i)(2-3i)}\right\}^4$

$=\left(\dfrac{13-13i}{13}\right)^4$

$=(1-i)^4$

$=\{(1-i)^2\}^2$

$=(-2i)^2$

$=-4$

21 $\alpha=a+bi$ (a, b は実数), $z=x+yi$ (x, y は実数) とおくと, $\bar{\alpha}=a-bi$, $\bar{z}=x-yi$ だから, $\bar{\alpha}z+\alpha\bar{z}=2$ に代入すると,

$(a-bi)(x+yi)+(a+bi)(x-yi)=2$

$ax+by=1$ ……①

$z=1+i$ のとき, $x=y=1$ を①に代入して,

$a+b=1$ ……②

$z=-2-5i$ のとき, $x=-2$, $y=-5$ を代入して,

$-2a-5b=1$ ……③

②, ③より, $a=2$, $b=-1$

よって, $\alpha=2-i$

22 (1) $\sqrt{-2}\times\sqrt{-8}=\sqrt{2}\,i\times 2\sqrt{2}\,i$

$=4i^2$

$=-4$

(2) $\dfrac{9}{3-\sqrt{-27}}-\dfrac{3-\sqrt{-3}}{1+\sqrt{-3}}$

$=\dfrac{9}{3-3\sqrt{3}\,i}-\dfrac{3-\sqrt{3}\,i}{1+\sqrt{3}\,i}$

$=\dfrac{3}{1-\sqrt{3}\,i}-\dfrac{3-\sqrt{3}\,i}{1+\sqrt{3}\,i}$

$=\dfrac{3(1+\sqrt{3}\,i)-(3-\sqrt{3}\,i)(1-\sqrt{3}\,i)}{(1-\sqrt{3}\,i)(1+\sqrt{3}\,i)}$

$=\dfrac{(3+3\sqrt{3}\,i)-(3-3\sqrt{3}\,i-\sqrt{3}\,i+3i^2)}{1-3i^2}$

$=\dfrac{(3+3\sqrt{3}\,i)-(-4\sqrt{3}\,i)}{4}$

$=\dfrac{3+7\sqrt{3}\,i}{4}$

23 (1) 与式を展開して,

$13-13i=(13+ab)+(a-13b)i$

a, b は実数なので,

$\begin{cases} 13=13+ab \\ -13=a-13b \end{cases}$

つまり, $ab=0$ で $a\neq 0$ より, $b=0$

第2式より, $a=-13$ となる。

(2) 両辺に $a+bi$ をかけて,

$-31+24i=(a+bi)(2+5i)$

$\qquad\qquad =(2a-5b)+(5a+2b)i$

a, b は実数なので,

$\begin{cases} 2a-5b=-31 \\ 5a+2b=24 \end{cases}$

これを解いて, $a=2$, $b=7$

24 $c=\dfrac{ai(a+bi)+2b(a-bi)}{(a-bi)(a+bi)}$

$=\dfrac{ab+(a^2-2b^2)i}{a^2+b^2}$

a, b, c は0または正の実数だから,

$\begin{cases} c=\dfrac{ab}{a^2+b^2} & \cdots\cdots① \\ a^2-2b^2=0 & \cdots\cdots② \end{cases}$

②より $a=\pm\sqrt{2}\,b$ となるが, $a=b=0$ ならば, 与式の分母が0となるため不適である。また, $a=-\sqrt{2}\,b$ は負の数となるため不適である。

つまり, $a=\sqrt{2}\,b$ となり, これを①へ代入して,

$c=\dfrac{\sqrt{2}\,b^2}{2b^2+b^2}=\dfrac{\sqrt{2}\,b^2}{3b^2}=\dfrac{\sqrt{2}}{3}$

6 2次方程式の解 (p.12〜14)

25 ①の判別式は,

$D_1=a^2-4a-12=(a-6)(a+2)$

②の判別式は,

$\dfrac{D_2}{4}=a^2-8a=a(a-8)$

①が実数解をもつのは, $D_1\geqq 0$ により,

$a\leqq -2$, $a\geqq 6$ ……③

②が実数解をもつのは, $\dfrac{D_2}{4}\geqq 0$ により,

$a\leqq 0$, $a\geqq 8$ ……④

よって, ①, ②がともに実数解をもつのは, ③と④の共通範囲だから,

$a\leqq-2,\ a\geqq8$

どちらか一方だけが実数解をもつのは，③または④の一方だけを満たす範囲だから，

$-2<a\leqq0,\ 6\leqq a<8$

26 $x^2-x+2=0$ の解と係数の関係より，

$$\begin{cases} \alpha+\beta=1 \\ \alpha\beta=2 \end{cases}$$

このとき，$\alpha^3+\beta^3=(\alpha+\beta)^3-3\alpha\beta(\alpha+\beta)$
$\qquad\qquad\qquad =1^3-3\cdot2\cdot1$
$\qquad\qquad\qquad =-5$

$\alpha^3\beta^3=(\alpha\beta)^3=2^3=8$

$\alpha^3,\ \beta^3$ を解とする2次方程式の1つは，

$(x-\alpha^3)(x-\beta^3)=0$

$x^2-(\alpha^3+\beta^3)x+\alpha^3\beta^3=0$

$x^2-(-5)x+8=0$

よって，$x^2+5x+8=0$ ……(ア)，(イ)

27 判別式を D とすると，

$\dfrac{D}{4}=(3m-1)^2-(9m^2-8)$
$\qquad =-6m+9$

(1)相異なる2つの実数解をもつのは，$\dfrac{D}{4}>0$ のときだから，$-6m+9>0$

よって，$m<\dfrac{3}{2}$

(2)相異なる2つの実数解を $\alpha,\ \beta$ とすると，$\alpha,\ \beta$ がともに正であるとは，

$$\begin{cases} \dfrac{D}{4}>0 & \cdots\cdots① \\ \alpha+\beta>0 & \cdots\cdots② \\ \alpha\beta>0 & \cdots\cdots③ \end{cases}$$

①は(1)より，$m<\dfrac{3}{2}$ ……④

解と係数の関係を用いて，

②は，$\alpha+\beta=2(3m-1)>0$

つまり，$m>\dfrac{1}{3}$ ……⑤

③は，$\alpha\beta=9m^2-8>0$

つまり，$m<-\dfrac{2\sqrt{2}}{3}$ または $m>\dfrac{2\sqrt{2}}{3}$ ……⑥

④，⑤，⑥より，

よって，$\dfrac{2\sqrt{2}}{3}<m<\dfrac{3}{2}$

(3)求める条件は，$\alpha\beta<0$ より，

$9m^2-8<0$

よって，$-\dfrac{2\sqrt{2}}{3}<m<\dfrac{2\sqrt{2}}{3}$

☑**注意**

2次関数 $y=f(x)$ のグラフの考え方を用いると，条件を次のように表すことができる。

$f(x)=x^2-2(3m-1)x+9m^2-8$ とおくと，軸の方程式が $x=3m-1$ だから，

(2)の条件は，$y=f(x)$ が下に凸の放物線より，

$$\begin{cases} \dfrac{D}{4}=-6m+9>0 \\ 3m-1>0 \\ f(0)=9m^2-8>0 \end{cases}$$

(3)の条件は，$y=f(x)$ が下に凸の放物線より，

$f(0)=9m^2-8<0$

また，(3)の解答では，求める条件を

$$\begin{cases} \dfrac{D}{4}=-6m+9>0 & \cdots\cdots⑦ \\ \alpha\beta=9m^2-8<0 & \cdots\cdots⑧ \end{cases}$$

とする必要はない。⑦は⑧が成り立てば必ず成り立つので，なくてもよい。

〔理由〕2次方程式を $ax^2+bx+c=0$ $(a,\ b,\ c$ は実数)，判別式を D とすると，

$x=\dfrac{-b\pm\sqrt{b^2-4ac}}{2a}=\dfrac{-b\pm\sqrt{D}}{2a}$

解を $\alpha,\ \beta$ とすると，

$\alpha\beta=\dfrac{-b-\sqrt{D}}{2a}\times\dfrac{-b+\sqrt{D}}{2a}$
$\qquad =\dfrac{b^2-D}{4a^2}$

つまり，$\alpha\beta<0$ のとき，$b^2<D$ となるから，必ず $D>0$ が成り立つ。

28 $x^2-2ax+3a=0$ の判別式を D，2つの解を $\alpha,\ \beta$ とすると，実数解をもつから，

$\dfrac{D}{4}=a(a-3)\geqq0$

よって，$a\leqq0,\ a\geqq3$ ……①

解と係数の関係より，

$$\begin{cases} \alpha+\beta=2a & \cdots\cdots② \\ \alpha\beta=3a & \cdots\cdots③ \end{cases}$$

ここで，$\alpha,\ \beta$ とも1より大きいから，

$$\begin{cases} (\alpha-1)+(\beta-1)>0 & \cdots\cdots④ \\ (\alpha-1)(\beta-1)>0 & \cdots\cdots⑤ \end{cases}$$

展開して②，③を代入すると，

④より，$(\alpha-1)+(\beta-1)=2a-2>0$

よって，$a>1$ ……⑥

⑤より，$(\alpha-1)(\beta-1)=\alpha\beta-(\alpha+\beta)+1$
$\qquad\qquad\qquad\qquad\qquad =a+1>0$

よって，$a>-1$ ……⑦
①，⑥，⑦より，$\boldsymbol{a \geqq 3}$

29 $x^2+ax+b=0$ ……①

において，相異なる 2 つの実数解をもつから，判別式を D とすると，
$D=a^2-4b>0$ ……②
①における解と係数の関係より，
$$\begin{cases} \alpha+\beta=-a \\ \alpha\beta=b \end{cases}$$
$\alpha^2,\ \beta^2$ も①の解だから，
$$\begin{cases} \alpha^2+\beta^2=-a \\ \alpha^2\beta^2=b \end{cases}$$
そこで，$(\alpha+\beta)^2-2\alpha\beta=\alpha^2+\beta^2$ より，
$(-a)^2-2b=-a$
$a^2+a=2b$ ……③
また，$\alpha^2\beta^2=(\alpha\beta)^2$ より，
$b=b^2$ ……④
④より，$b=0,\ 1$
$b=0$ のとき，③より，$a=0,\ -1$
$b=1$ のとき，③より，$a=-2,\ 1$
このうち，②を満たすものは，
$\boldsymbol{a=-1,\ b=0}$

30 $ax^2+6x+a-7=0$ が異なる 2 つの実数解をもつから，判別式を D として，
$$\begin{aligned} \frac{D}{4}&=3^2-a(a-7) \\ &=-a^2+7a+9>0 \end{aligned}$$
$a^2-7a-9<0$
与式が 2 次方程式だから，$a\neq0$ より，
$\dfrac{7-\sqrt{85}}{2}<a<0,\ 0<a<\dfrac{7+\sqrt{85}}{2}$ ……①
方程式の 2 つの解を $\alpha,\ \alpha-2$ とおくと，解と係数の関係より，
$$\begin{cases} \alpha+(\alpha-2)=-\dfrac{6}{a} & ……② \\ \alpha(\alpha-2)=\dfrac{a-7}{a} & ……③ \end{cases}$$
②より，$\alpha=1-\dfrac{3}{a}$ となり，これを③に代入して，
$\left(1-\dfrac{3}{a}\right)\left(-1-\dfrac{3}{a}\right)=\dfrac{a-7}{a}$

$-1+\dfrac{9}{a^2}=\dfrac{a-7}{a}$

$a\neq0$ なので，両辺を a^2 倍して整理すると，
$2a^2-7a-9=0$
$(2a-9)(a+1)=0$
よって，$\boldsymbol{a=\dfrac{9}{2},\ -1}$

これは，①を満たすので，適する。

7 因数定理と高次方程式 (p.15〜17)

31 $f(x)=x^3+ax^2+bx+c$ とおくと剰余の定理より，
$$\begin{cases} f(2)=8+4a+2b+c=2 & ……① \\ f(-2)=-8+4a-2b+c=2 & ……② \\ f(1)=1+a+b+c=2 & ……③ \end{cases}$$
①−②より，$16+4b=0$
ゆえに，$b=-4$ ……④
②−③より，$-9+3a-3b=0$
これに④を代入して，$a=-1$
$a,\ b$ の値を③に代入して，$c=6$
よって，$\boldsymbol{a=-1,\ b=-4,\ c=6}$

32 $P(x)$ を 3 次式 $(x-1)(x-2)(x-3)$ で割ったときの商を $Q(x)$ とし，余りは 2 次以下となるので，ax^2+bx+c とおくと，
$P(x)=(x-1)(x-2)(x-3)Q(x)+ax^2+bx+c$
$x-1,\ x-2,\ x-3$ で割ると余りがそれぞれ，$1,\ 2,$ 3 だから，剰余の定理より，
$$\begin{cases} P(1)=a+b+c=1 \\ P(2)=4a+2b+c=2 \\ P(3)=9a+3b+c=3 \end{cases}$$
ゆえに，$a=0,\ b=1,\ c=0$
よって，求める余りは，$\boldsymbol{x}$

33 $f(x)g(x)$ を $(x-2)(x+1)$ で割ったときの商を $P(x)$ とすると，余りが $3x-7$ だから，
$f(x)g(x)=(x-2)(x+1)P(x)+3x-7$ ……①
$f(x)$ を $x-2$ で割った余りが -1 だから，
$f(2)=-1$ ……②
$g(x)$ を $x+1$ で割った余りが 5 だから，
$g(-1)=5$ ……③
①において，$x=2,\ -1$ を代入すると，
$f(2)g(2)=-1$ ……④
$f(-1)g(-1)=-10$ ……⑤
②〜⑤より，
$f(-1)=-2,\ g(2)=1$
よって，
$f(x)$ を $x+1$ で割った余りは，$\boldsymbol{-2}$
$g(x)$ を $(x-2)(x+1)$ で割った商を $Q(x)$，余りを $ax+b$ とおくと，
$g(x)=(x-2)(x+1)Q(x)+ax+b$

$g(-1)=5$, $g(2)=1$ より，

$$\begin{cases} -a+b=5 \\ 2a+b=1 \end{cases}$$

$a=-\dfrac{4}{3}$, $b=\dfrac{11}{3}$ だから，この余りは，

$$-\dfrac{4}{3}x+\dfrac{11}{3}$$

34 $f(x)=n^2(n-8)x^n+(11n+20)x$ が

$x^2-1=(x+1)(x-1)$ で割り切れるから，因数定理より，$f(-1)=f(1)=0$ となる。

$f(-1)=n^2(n-8)(-1)^n-(11n+20)=0$ ……①

$f(1)=n^2(n-8)+(11n+20)=0$ ……②

②より，

$n^3-8n^2+11n+20=0$

$(n+1)(n-4)(n-5)=0$

$n=-1$, 4, 5

この中で①を満たす自然数 n は 5 のみである。

よって，**$n=5$**

35 (1) $P(x)=2x^3+x^2-13x+6$ とおくと，

$P(2)=0$ だから $P(x)$ を $x-2$ で割ると，

$P(x)=(x-2)(2x^2+5x-3)$

$\qquad =(x-2)(2x-1)(x+3)$

よって，解は **$x=2$, $\dfrac{1}{2}$, -3**

(2) $(x+2)(x-4)(x+3)(x-5)-44=0$

$(x^2-2x-8)(x^2-2x-15)-44=0$

ここで，$x^2-2x=t$ とおくと，

$(t-8)(t-15)-44=0$

$t^2-23t+76=0$

$(t-19)(t-4)=0$

$(x^2-2x-19)(x^2-2x-4)=0$

よって，**$x=1\pm2\sqrt{5}$, $1\pm\sqrt{5}$**

36 $x=1+i$ を与式に代入すると，

$(1+i)^3+a(1+i)^2+4(1+i)+b=0$

$(b+2)+2(a+3)i=0$

a, b は実数だから，

$b+2=0$, $a+3=0$

よって，**$a=-3$, $b=-2$**

このとき，与式は，

$x^3-3x^2+4x-2=0$

$(x-1)(x^2-2x+2)=0$

つまり，$x=1$, $1\pm i$ により $1+i$ 以外の解は

$x=1$, $1-i$

> **☑ 注意**
>
> 一般に，実数を係数とする方程式が虚数解 $a+bi$ をもつとき，共役な複素数 $a-bi$ も解である。

37 (1) $x^3-2x^2+2x-1=0$

$(x-1)(x^2-x+1)=0$

よって，**$x=1$, $\dfrac{1\pm\sqrt{3}\,i}{2}$**

(2) $\alpha-1$, $\beta-1$, $\gamma-1$ は 0, $\dfrac{-1+\sqrt{3}\,i}{2}$,

$\dfrac{-1-\sqrt{3}\,i}{2}$ となるから，これらを解にもつ 3 次

方程式で x^3 の係数が 1 であるものは，

$$x\left(x-\dfrac{-1+\sqrt{3}\,i}{2}\right)\left(x-\dfrac{-1-\sqrt{3}\,i}{2}\right)=0$$

すなわち，$x^3+x^2+x=0$

よって，**$p=1$, $q=1$, $r=0$**

(3) $\dfrac{1}{\alpha}+1$, $\dfrac{1}{\beta}+1$, $\dfrac{1}{\gamma}+1$ は，$1+1=2$

$\dfrac{2}{1+\sqrt{3}\,i}+1=\dfrac{1-\sqrt{3}\,i}{2}+1=\dfrac{3-\sqrt{3}\,i}{2}$

$\dfrac{2}{1-\sqrt{3}\,i}+1=\dfrac{1+\sqrt{3}\,i}{2}+1=\dfrac{3+\sqrt{3}\,i}{2}$

となるから，これらを解にもつ 3 次方程式で x^3

の係数が 1 であるものは，

$$(x-2)\left(x-\dfrac{3-\sqrt{3}\,i}{2}\right)\left(x-\dfrac{3+\sqrt{3}\,i}{2}\right)=0$$

すなわち，$(x-2)(x^2-3x+3)=0$

$x^3-5x^2+9x-6=0$

よって，**$p'=-5$, $q'=9$, $r'=-6$**

第3章	図形と方程式

8 点と直線 *(p.18〜20)*

38 △OABの重心の座標を (x, y) とすると，

$$x=\dfrac{0+63+15}{3}, \quad y=\dfrac{0+0+20}{3}$$

よって，$\left(26, \dfrac{20}{3}\right)$

△OABの外心は，線分 OA の垂直二等分線 ℓ_1 と線分 OB の垂直二等分線 ℓ_2 との交点である。

OB の傾きが $\dfrac{4}{3}$ だから，これに垂直で線分 OB の中点を通るものが ℓ_2 である。

よって，ℓ_2 の方程式は

$$y-10=-\dfrac{3}{4}\left(x-\dfrac{15}{2}\right)$$

$$y=-\dfrac{3}{4}x+\dfrac{125}{8}$$

ℓ_1 の方程式が $x=\dfrac{63}{2}$ だから，これを代入すると，

$y=-8$

よって，外心の座標は，$\left(\dfrac{63}{2}, -8\right)$

△OABの内心は，角の
二等分線の定理を用いる。

OA=63
OB=25
AB=52

だから，∠OBAの二等
分線とOAとの交点をPとすると，
OP：PA=OB：BA
　　　　=25：52
だから，OP$=63×\dfrac{25}{25+52}=\dfrac{9×25}{11}$
内心をIとすると，
BI：IP=OB：OP
　　　=$25：\dfrac{9×25}{11}$
　　　=11：9
B(15, 20)，P$\left(\dfrac{9×25}{11},\ 0\right)$だから，線分BPを
11：9に内分する点を$(x,\ y)$とすると，
$x=\dfrac{9・15+11・\dfrac{9×25}{11}}{11+9}=18,\ y=\dfrac{9・20}{20}=9$
よって，**(18, 9)**

☑ 注意
一般に，△ABCで∠ABCの二等分線と線分
ACとの交点をPとすると，
AP：PC=AB：BC

39 線分ABを1：2に内分する点Cの座標を
$(x,\ y)$とすると，
$x=\dfrac{2・1+1・4}{1+2}=2,\ y=\dfrac{2・2+1・1}{1+2}=\dfrac{5}{3}$
よって，C$\left(2,\ \dfrac{5}{3}\right)$

ABの傾きは$-\dfrac{1}{3}$だから，ABに垂直な直線の傾
きは3となる。
つまり，求める直線の方程式は，
$y-\dfrac{5}{3}=3(x-2)$
よって，**$y=3x-\dfrac{13}{3}$**

40 2直線の係数の関係に注目する。
平行であるとき，$3a-1・1=0$
よって，**$a=\dfrac{1}{3}$**
垂直であるとき，$3・1+1・a=0$
よって，**$a=-3$**
このとき，2直線は $3x+y=17$，$x-3y=9$
よって，交点は **(6, −1)**

別解　$x+ay=9$ は $a=0$ のとき $x=9$ となり，
これは $3x+y=17$ に平行でも垂直でもない。
よって，$a≠0$ のとき2直線の方程式をyについて
解くと，
$y=-3x+17,\ y=-\dfrac{1}{a}x+\dfrac{9}{a}$
それぞれの傾きに注目して，
2直線が平行のとき，$-3=-\dfrac{1}{a}$
よって，**$a=\dfrac{1}{3}$**（このとき2直線は一致しない。）
2直線が垂直のとき，$(-3)・\left(-\dfrac{1}{a}\right)=-1$
よって，**$a=-3$**
このとき，2直線は $3x+y=17$，$x-3y=9$
よって，交点は **(6, −1)**

☑ 注意
2直線 $a_1x+b_1y=c_1$ と $a_2x+b_2y=c_2$ に対し，
別解のように考えて，次の関係を導くことがで
きる。
平行または一致 ⟺ $a_1b_2-a_2b_1=0$
垂直 ⟺ $a_1a_2+b_1b_2=0$
注 ① $a_1b_2-a_2b_1=0$ とは，$a_1a_2b_1b_2≠0$ のと
きに，$a_1：b_1=a_2：b_2$ を意味している。
②2直線が一致するときも平行であるとみなす
こともあるが，ここでは区別して解答した。

41 2直線が平行または一致する条件が，
$a(a-2)-1・(-1)=0$
$a^2-2a+1=0$
つまり，$a=1$
よって，2直線がただ1つの共有点をもつ必要十分
条件は，**$a≠1$**
平行で一致しなければ共有点をもたないから，
$a=1$ のとき，2直線が，
$x-y=2b,\ x-y=b+1$
であることより，共有点をもたない必要十分条件は，
$a=1$ かつ $2b≠b+1$
すなわち，**$a=1$ かつ $b≠1$**
2つ以上の共有点をもつとは，2直線が一致するこ
とだから，**$a=1$ かつ $b=1$**

42 点 A$(p,\ q)$，B$(a,\ b)$とする。
線分ABの中点（AとBが一致するときはその点自
身）が直線 $y=x+1$ 上にあるから，
$\dfrac{q+b}{2}=\dfrac{p+a}{2}+1$
$-a+b=p-q+2$ ……①
直線ABと直線 $y=x+1$ が直交するから，
$\dfrac{q-b}{p-a}=-1$

$a+b=p+q$ ……②

（AとBが一致するときも②は成り立つ。）

①＋② より，

$2b=2p+2$

$b=p+1$

② より， $a=-b+p+q$

$\qquad = -p-1+p+q$

$\qquad = q-1$

ゆえに， $a=q-1$

よって， $(a, b)=(q-1, p+1)$

☑注意

2点 A，B が一致するとき線分 AB は点であり，線分にならない。

また，直線 AB の傾きである $\dfrac{q-b}{p-a}$ の分母も 0 となってしまう。

しかし，それらの条件を書き換えた①，②においては，AとBが一致するとき，つまり，$p=a$，$q=b$ の場合も成り立つので，A＝B と A≠B を場合分けせずに解くことができる。

43 (1)求める直線は線分 OA の中点 (2, 4) と点Bを通ることから，

$y-4=\dfrac{11-4}{-2-2}(x-2)$

よって， $\boldsymbol{y=-\dfrac{7}{4}x+\dfrac{15}{2}}$

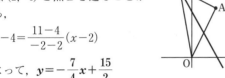

(2)点 P(1, 2) は線分 OA 上の点であり，しかも，OP：PA＝1：3 だから，

$PA=\dfrac{3}{4}OA$ ……①

点Pを通って △OAB の面積を2等分する直線とABとの交点をQとすると，

$\triangle PAQ：\triangle OAB＝1：2$

$2\triangle PAQ＝\triangle OAB$

$2\cdot\dfrac{1}{2}PA\cdot AQ\cdot\sin A=\dfrac{1}{2}OA\cdot AB\cdot\sin A$

$2\cdot PA\cdot AQ＝OA\cdot AB$ ……②

①，② より，

$2\cdot\dfrac{3}{4}OA\cdot AQ＝OA\cdot AB$

$AQ=\dfrac{2}{3}AB$

つまり， $AQ：QB＝2：1$

よって，線分 AB を 2：1 に内分する点Qの座標は (0, 10) である。

点 P(1, 2)，Q(0, 10) を通る直線を求めればよいので，

$y=-8x+10$

9 円 (p.21〜23)

44 (1)中心は直線 $y=x-1$ 上にあるから，その座標は定数 t を用いて $(t, t-1)$ とおける。

よって，円 C_1 の方程式を，

$(x-t)^2+(y-t+1)^2=r^2$ （r は半径）

とおく。

2点 A(0, 1)，B(4, −1) を通るから，

$\begin{cases}(0-t)^2+(1-t+1)^2=r^2 & ……① \\ (4-t)^2+(-1-t+1)^2=r^2 & ……②\end{cases}$

①−② より，

$t^2+(2-t)^2=(4-t)^2+t^2$

ゆえに， $t=3$

①に t を代入して， $r^2=10$

よって， C_1 の方程式は，

$(x-3)^2+(y-2)^2=10$

(2)直線 AB の方程式は $y=-\dfrac{1}{2}x+1$ である。

円 C_1 の中心 (3, 2) と直線 AB に関して対称な点を (p, q) とすると，

$\begin{cases}\dfrac{q+2}{2}=-\dfrac{1}{2}\cdot\dfrac{p+3}{2}+1 \\ \dfrac{q-2}{p-3}=2\end{cases}$

これより， $p=1$，$q=-2$

よって，点 (1, −2) を中心とし，半径は C_1 と同じ $\sqrt{10}$ の円が円 C_2 であるから，C_2 の方程式は，

$(x-1)^2+(y+2)^2=10$

45 円Cは，$(x-2)^2+(y-1)^2=2$ より，中心が (2, 1)，半径 $\sqrt{2}$ の円である。

したがって，中心と直線 ℓ との距離が $\sqrt{2}$ 未満であれば，円Cと直線 ℓ は異なる2点で交わる。

$\dfrac{|2+1-k|}{\sqrt{2}}<\sqrt{2}$

$|k-3|<2$

$-2<k-3<2$

よって， $1<k<5$

次に，円の半径が $\sqrt{2}$ であったから，ℓ がCによって切り取られる線分の長さが2であるとき，直角二等辺三角形の3辺の比より，円Cの中心と直線 ℓ との距離は1となる。

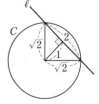

$\dfrac{|2+1-k|}{\sqrt{2}}=1$

$|k-3|=\sqrt{2}$

よって， $k=3\pm\sqrt{2}$

円 C と直線 ℓ が異なる 2 点で交わるとは，
$x^2+y^2-4x-2y+3=0$ と $y=-x+k$ を連立して，
$x^2+(-x+k)^2-4x-2(-x+k)+3=0$
つまり，$2x^2-2(k+1)x+(k^2-2k+3)=0$
の判別式 D が $D>0$ を満たすことである。

$\dfrac{D}{4}=(k+1)^2-2(k^2-2k+3)>0$

$-k^2+6k-5>0$

$(k-1)(k-5)<0$

より，$\boldsymbol{1<k<5}$

46 (1) $(x-a)^2+(y+2a)^2=4a^2$ で $a\neq0$ より，

中心 $(a,\ -2a)$，半径 $2|a|$

(2) 求める直線の方程式を $lx+my+n=0$ とおくと，
任意の a に対し，点 $(a,\ -2a)$ とその直線との
距離が $2|a|$ となればよい。

$\dfrac{|la-2am+n|}{\sqrt{l^2+m^2}}=2|a|$

$|la-2am+n|=2|a|\sqrt{l^2+m^2}$

両辺を平方して，

$(l^2+4m^2-4lm)a^2+2n(l-2m)a+n^2$
$=4(l^2+m^2)a^2$

が a についての恒等式となる。

ゆえに，$\begin{cases} l^2+4m^2-4lm=4(l^2+m^2) & \cdots\cdots① \\ 2n(l-2m)=0 & \cdots\cdots② \\ n^2=0 & \cdots\cdots③ \end{cases}$

③ より $n=0$ となり，このとき常に ② が成り立
つ。① より，$l(3l+4m)=0$ だから，

$l=0$ のとき，m は $m\neq0$ において任意で，
$lx+my+n=0$ は，$y=0$

$l\neq0$ のとき，$3l+4m=0$　$m=-\dfrac{3}{4}l$

ゆえに，$lx+my+n=0$ は，

$lx-\dfrac{3}{4}ly=0$　$y=\dfrac{4}{3}x$

よって，$\boldsymbol{y=0,\ y=\dfrac{4}{3}x}$

47 円 $(x-1)^2+y^2=25$ 上の点 $(\alpha,\ \beta)$ における接
線の方程式は，

$(\alpha-1)(x-1)+\beta y=25$

これが，点 $A(2,\ 7)$ を通るから，

$(\alpha-1)+7\beta=25$ $\cdots\cdots①$

一方，$(\alpha,\ \beta)$ は円上の点だから，

$(\alpha-1)^2+\beta^2=25$ $\cdots\cdots②$

① を ② へ代入して，

$(25-7\beta)^2+\beta^2=25$　$\beta^2-7\beta+12=0$

ゆえに，$\beta=3,\ 4$

① より，$(\alpha,\ \beta)=(-2,\ 4),\ (5,\ 3)$

よって，2 つの接点の x 座標は，$\boldsymbol{-2,\ 5}$

2 点 $(-2,\ 4),\ (5,\ 3)$ を通る直線の方程式は，

$y-3=\dfrac{3-4}{5+2}(x-5)$

よって，接点を結ぶ直線の方程式は，

$\boldsymbol{x+7y=26}$

✓ **注意**

円 $C_1:(x-a)^2+(y-b)^2=r^2$ 上の点
$A_1(x_0,\ y_0)$ における接線の方程式は，次のよ
うにして求められる。

円 C_1 の中心 $(a,\ b)$ を原点に移す平行移動に
よって，円 C_1 は円 $C_2:x^2+y^2=r^2$ に移る。
このとき，点 A_1 は点 $A_2(x_0-a,\ y_0-b)$ に移
される。

点 A_2 における円 C_2 の接線の方程式は，

$(x_0-a)x+(y_0-b)y=r^2$

原点を点 $(a,\ b)$ に移す平行移動によってこの
接線を移せば，求める直線となるので，

$(x_0-a)(x-a)+(y_0-b)(y-b)=r^2$

---

48 (1) 円 $x^2+y^2=4$
上の点 $(\alpha,\ \beta)$ に
おける接線の方程
式は，

$\alpha x+\beta y=4$

これと，点 $(5,\ 0)$
との距離が 1 とな
るから，

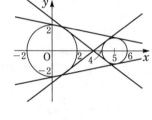

$\dfrac{|5\alpha-4|}{\sqrt{\alpha^2+\beta^2}}=1$

また，点 $(\alpha,\ \beta)$ は円 $x^2+y^2=4$ 上の点だから，

$\alpha^2+\beta^2=4$ $\cdots\cdots①$

ゆえに，$|5\alpha-4|=2$

これより，$\alpha=\dfrac{6}{5},\ \dfrac{2}{5}$

① より，$\alpha=\dfrac{6}{5}$ のとき，$\beta=\pm\dfrac{8}{5}$

$\alpha=\dfrac{2}{5}$ のとき，$\beta=\pm\dfrac{4\sqrt{6}}{5}$

よって，共通接線の方程式は，

$\boldsymbol{3x\pm4y=10,\ x\pm2\sqrt{6}\,y=10}$

(2) 点 $Q,\ R,\ S,\ T$
を，右の図のよう
に接点とするとき，
この 2 本の接線に
おいて求める長さ
は，QT と RS と
なる。

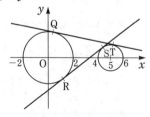

4 点 $Q,\ R,\ S,\ T$ を x 軸に関して対称に移動し
た点も，これらの円の接点であり，同様のことが

成り立ち，長さは QT，RS に等しくなる。

三平方の定理より，

$$RS=\sqrt{5^2-3^2}$$
$$=4$$

同様にして，

$$QT=\sqrt{5^2-1^2}$$
$$=2\sqrt{6}$$

よって，

最小は **4**

最大は **$2\sqrt{6}$**

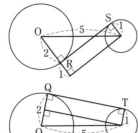

(p.24〜26)

10 軌跡と方程式

49 (1) $AP^2=(x-4)^2+(y-3)^2$ である。

$OP:AP=2:3$ だから，$3OP=2AP$

よって，$9OP^2=4AP^2$ より，

$$9(x^2+y^2)=4\{(x-4)^2+(y-3)^2\}$$
$$x^2+y^2+\frac{32}{5}x+\frac{24}{5}y-20=0$$

これを変形して，

$$\left(x+\frac{16}{5}\right)^2+\left(y+\frac{12}{5}\right)^2=36$$

よって，点 $Q\left(-\frac{16}{5},\ -\frac{12}{5}\right)$ を中心とする半径 6 の円である。

ア **4**，イ **3**，ウ **9**，エ **4**，$\dfrac{オカ}{キ}\dfrac{32}{5}$，$\dfrac{クケ}{コ}\dfrac{24}{5}$，

サシ **20**，$\dfrac{スセソ}{タ}\dfrac{-16}{5}$，$\dfrac{チツテ}{ト}\dfrac{-12}{5}$，ナ **6**

(2) $Q\left(-\dfrac{16}{5},\ -\dfrac{12}{5}\right)$ より，

$$OQ=\sqrt{\frac{16^2+12^2}{25}}=\sqrt{\frac{400}{25}}=4$$

点 Q の座標により点 Q は直線 OA 上にあるから，$OR\perp OQ$ である。

△OQR において三平方の定理を用いると，

$$OR^2=QR^2-OQ^2$$
$$=6^2-4^2$$
$$=20$$

よって，$OR=2\sqrt{5}$

ニ **4**，$ヌ\sqrt{ネ}\ 2\sqrt{5}$

50 条件を満たす点を $P(X,\ Y)$ とおくと，点 P から 2 直線 $x+y-1=0$，$x-y-2=0$ との距離は，それぞれ次の d_1，d_2 となる。

$$d_1=\frac{|X+Y-1|}{\sqrt{2}},\quad d_2=\frac{|X-Y-2|}{\sqrt{2}}$$

$d_1:d_2=2:1$ だから，

$$|X+Y-1|:|X-Y-2|=2:1$$
$$2|X-Y-2|=|X+Y-1|$$

よって，$2(X-Y-2)=X+Y-1$ または

$$2(X-Y-2)=-X-Y+1$$

すなわち，$X-3Y-3=0$ または $3X-Y-5=0$

したがって，**$x-3y-3=0$, $3x-y-5=0$**

51 与式より，

$$(x-2k)^2+(y+3k-1)^2=-k^2+2k$$

これが円を表す条件は，$-k^2+2k>0$

よって，**$0<k<2$**

このとき，円の中心の座標を $(X,\ Y)$ とすると，

$$X=2k,\quad Y=-3k+1$$

k を消去すると，$Y=-\dfrac{3}{2}X+1$ となる。

また，$X=2k$，$0<k<2$ より $0<X<4$ である。

よって，求める軌跡は，**直線 $y=-\dfrac{3}{2}x+1$ の $0<x<4$ の部分**である。

52 (1) $x^2=m(x+2)$ より，$x^2-mx-2m=0$

判別式は $D=m^2+8m$

求める条件は $D>0$ より，$m^2+8m>0$

よって，**$m<-8$, $m>0$**

(2) 2 点 A，B の座標を $A(\alpha,\ \alpha^2)$，$B(\beta,\ \beta^2)$ とすると，α，β は次の方程式の解である。

$$x^2-mx-2m=0$$

ここで，解と係数の関係から，

$$\begin{cases} \alpha+\beta=m \\ \alpha\beta=-2m \end{cases}$$

線分 AB の中点を $(x,\ y)$ とすると，

$$x=\frac{\alpha+\beta}{2}=\frac{m}{2}$$
$$y=\frac{\alpha^2+\beta^2}{2}=\frac{(\alpha+\beta)^2-2\alpha\beta}{2}=\frac{m^2+4m}{2}$$

$m=2x$ となるから，

$$y=\frac{(2x)^2+4(2x)}{2}=2x^2+4x$$

(1)より $m<-8$，$m>0$ だから，$x<-4$，$x>0$

よって，求める軌跡は，**放物線 $y=2x^2+4x$ の $x<-4$, $x>0$ の部分**である。

53 (1) 直線 $y=ax+1$ は a の値にかかわらず，点 $(0,\ 1)$ を通るが，この点は円の内部にある。

よって，円 C と直線 ℓ は異なる 2 点で交わる。

(2) 点 $P(\alpha_1,\ a\alpha_1+1)$，$Q(\alpha_2,\ a\alpha_2+1)$ とおくと，2 点 P，Q における接線の方程式は，それぞれ

$$\alpha_1x+(a\alpha_1+1)y=4 \quad \cdots\cdots①$$
$$\alpha_2x+(a\alpha_2+1)y=4 \quad \cdots\cdots②$$

これらの交点が R となる。

①×α_2−②×α_1 より，

$$(\alpha_2-\alpha_1)y=4(\alpha_2-\alpha_1)$$

$\alpha_1=\alpha_2$ のとき P と Q が一致してしまう。

したがって，$\alpha_1\neq\alpha_2$ より，$y=4$

①に $y=4$ を代入すると，$\alpha_1(x+4a)=0$ が成り

立つ。

円Cと直線ℓの交点のx座標は0とならないので，$\alpha_1 \neq 0$ である。

$x = -4a$ となるから，xは実数全体を動く。

よって，求める軌跡は，**直線 $y=4$**

54 点Pから円Cに引
いた2本の接線の接
点を，SとTとし，
点Pから円C'に引
いた2本の接線の接
点をS'，T'とする。
円Cと円C'の中心
をそれぞれA，A'とする。

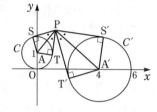

2本の接線のなす角が等しいから，
$\angle \mathrm{SPT} = \angle \mathrm{S'PT'}$ となり，$\angle \mathrm{SPA} = \angle \mathrm{S'PA'}$
さらに，$\angle \mathrm{ASP} = \angle \mathrm{A'S'P} = 90°$ より，
$\triangle \mathrm{ASP} \backsim \triangle \mathrm{A'S'P}$
（2組の角がそれぞれ等しい）
$\mathrm{AS} : \mathrm{A'S'} = 1 : 2$ だから，$\mathrm{AP} : \mathrm{A'P} = 1 : 2$
$2\mathrm{AP} = \mathrm{A'P}$
$4\mathrm{AP}^2 = \mathrm{A'P}^2$
点$\mathrm{P}(x, y)$，$\mathrm{A}(0, 1)$，$\mathrm{A'}(4, 0)$ だから，
$4\{x^2 + (y-1)^2\} = (x-4)^2 + y^2$
よって，**$3x^2 + 3y^2 + 8x - 8y - 12 = 0$**

11 不等式の表す領域 (p.27〜29)

55 $(2x + y - 2)(x^2 - 4x + y^2) < 0$

$\iff \begin{cases} 2x + y - 2 > 0 \\ x^2 - 4x + y^2 < 0 \end{cases}$ または $\begin{cases} 2x + y - 2 < 0 \\ x^2 - 4x + y^2 > 0 \end{cases}$

ここで，$x^2 - 4x + y^2 < 0$ は $(x-2)^2 + y^2 < 4$，
$x^2 - 4x + y^2 > 0$ は
$(x-2)^2 + y^2 > 4$
である。

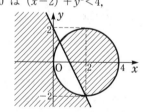

よって，**右の図の斜線
部分となる。ただし，
境界線は含まない。**

56 それぞれの境界線の方程式は次の①〜③となる。
$x - 2y = 0$ ……①
$x + 2y - 8 = 0$ ……②
$3x - 2y + 4 = 0$ ……③
与えられた連立不等式の表す
領域は，右の図の斜線部分と
なる。ただし，境界線を含む。
境界線の交点を求めると，
$(4, 2)$，$\left(1, \dfrac{7}{2}\right)$，
$(-2, -1)$
となる。

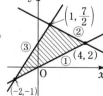

このとき，点$(-2, -1)$を原点に移す平行移動に

より，残りの2点は，$(6, 3)$，$\left(3, \dfrac{9}{2}\right)$ に移る。

この2点と原点を結ぶ三角形の面積は，

$\dfrac{1}{2}\left|6 \cdot \dfrac{9}{2} - 3 \cdot 3\right| = 9$

☑ 注意
> 2点$\mathrm{A}(x_1, y_1)$，$\mathrm{B}(x_2, y_2)$と原点Oに対して，
> $\triangle \mathrm{OAB}$の面積は，
> $$\triangle \mathrm{OAB} = \dfrac{1}{2}|x_1 y_2 - x_2 y_1|$$

57 $x + 3y \leqq 6$，$3x + y \leqq 6$ はそれぞれ，

$y \leqq -\dfrac{1}{3}x + 2$

$y \leqq -3x + 6$

となるから，$x \geqq 0$，$y \geqq 0$
と合わせて連立不等式の表
す領域は，右の図の斜線部
分となる。

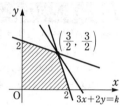

ただし，境界線を含む。
ここで，$3x + 2y = k$ とおくと，

$y = -\dfrac{3}{2}x + \dfrac{1}{2}k$ ……①

となり，傾きが $-3 < -\dfrac{3}{2} < -\dfrac{1}{3}$ となっているか

ら，領域の頂点のうち$\left(\dfrac{3}{2}, \dfrac{3}{2}\right)$を通るときに，直

線①のy切片 $\dfrac{1}{2}k$ が最大となる。

このとき，kは最大となる。

よって，$3x + 2y$ は $x = \dfrac{3}{2}$，$y = \dfrac{3}{2}$ のとき，**最大**

値 $3 \cdot \dfrac{3}{2} + 2 \cdot \dfrac{3}{2} = \dfrac{15}{2}$ をとる。

58 (1)与式を変形すると
$\begin{cases} (x-2)^2 + (y-1)^2 \leqq 2 \\ y \geqq -\dfrac{1}{3}x + 1 \end{cases}$

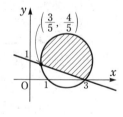

これを図示すると，**右の
図の斜線部分となる。た
だし，境界線を含む。**

(2)$x + y = k$ とおくと，$y = -x + k$ となるから，
傾きが -1 でy切片がkの直線である。

直線 $y = -x + k$ が点$\left(\dfrac{3}{5}, \dfrac{4}{5}\right)$を通るとき，$k$

は最小値 $k = x + y = \dfrac{3}{5} + \dfrac{4}{5} = \dfrac{7}{5}$ をとる。

直線 $x + y = k$ と円 $(x-2)^2 + (y-1)^2 = 2$ が接

するとき，

$\dfrac{|2 + 1 - k|}{\sqrt{1^2 + 1^2}} = \sqrt{2}$

つまり，$k=1$，5

$k=1$ のときの接点は(1)の領域にないので，$k=5$

これが k の最大値となる。

よって，$\dfrac{7}{5} \le k \le 5$

59 与式より，$(x-a)^2+(y-1)^2=a^2-b+2$ が円を表すので，

$a^2-b+2>0$

つまり，$b<a^2+2$ ……①

このとき，直線と円が共有点をもたないとは，

$y=x$ を円の方程式に代入した2次方程式

$2x^2-2(a+1)x+b-1=0$ の判別式 D について，

$D<0$ だから，

$\dfrac{D}{4}=(a+1)^2-2(b-1)<0$

つまり，

$b>\dfrac{1}{2}(a+1)^2+1$ ……②

求める領域は，**右の図の斜線部分となる。ただし，境界線は含まない。**

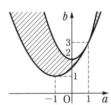

60 条件 p，q，r の表す領域をそれぞれ P，Q，R とする。

(1) q が p であるための十分条件となるので，

$q \Longrightarrow p$ が真であり，$Q \subset P$ となる。

領域 P は，原点を中心とする半径1の円の周および内部であり，領域 Q，つまり，

中心 $\left(\dfrac{1}{2},\ \dfrac{1}{2}\right)$，半径 a である円が P に含まれる条件を求めればよい。

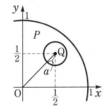

2つの円の中心間の距離が半径の差以下であればよいので，

$\sqrt{\left(\dfrac{1}{2}\right)^2+\left(\dfrac{1}{2}\right)^2} \le 1-a$

$a>0$ であるから，$\boldsymbol{0<a \le 1-\dfrac{\sqrt{2}}{2}}$

(2) r が p であるための必要条件となるので，

$p \Longrightarrow r$ が真であり，$P \subset R$ となる。

領域 R は直線 $y=\sqrt{b}\,x+c$ および，それより下側の部分であり，この領域に原点を中心とする半径1の円が含まれればよい。

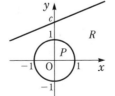

このようになるのは，

$c>0$ で，原点から直線 $\sqrt{b}\,x-y+c=0$ への距離が1以上となるときであるから，

$c>0$ かつ $\dfrac{|c|}{\sqrt{(\sqrt{b})^2+(-1)^2}} \ge 1$

よって，$b \ge 0$ かつ $c>0$ かつ $c \ge \sqrt{b+1}$

すなわち，$b \ge 0$ かつ $c>0$ かつ $b \le c^2-1$

求める領域は，**右の図の斜線部分となる。ただし，境界線を含む。**

第4章 三角関数

12 三角関数 *(p.30〜31)*

61 $\sin^2\theta-\sin\theta-1=0$，$-1 \le \sin\theta \le 1$ だから，

$\sin\theta=\dfrac{1-\sqrt{5}}{2}$

よって，$\boldsymbol{\cos^2\theta}=1-\sin^2\theta=-\sin\theta$

$\qquad\qquad =\dfrac{\boldsymbol{-1+\sqrt{5}}}{\boldsymbol{2}}$

$\boldsymbol{1-\sin\theta+\sin^2\theta-\sin^3\theta+\sin^4\theta}$

$=1-\sin\theta(1+\sin^2\theta)+\sin^2\theta(1+\sin^2\theta)$

$=1+(1+\sin^2\theta)(\sin^2\theta-\sin\theta)$

$=2+\sin^2\theta$

$=3-\cos^2\theta$

$=3-\dfrac{-1+\sqrt{5}}{2}$

$=\dfrac{\boldsymbol{7-\sqrt{5}}}{\boldsymbol{2}}$

62 $3\sin\theta=5-4\cos\theta$ だから，

$9\sin^2\theta+9\cos^2\theta=9$ に代入して，

$(5-4\cos\theta)^2+9\cos^2\theta=9$

$(5\cos\theta-4)^2=0$

$\cos\theta=\dfrac{4}{5}$

このとき，$3\sin\theta+4\cos\theta=5$ より，

$\sin\theta=\dfrac{3}{5}$

よって，$\boldsymbol{\tan\theta}=\dfrac{\sin\theta}{\cos\theta}=\dfrac{\boldsymbol{3}}{\boldsymbol{4}}$

63 $y=\dfrac{1}{3}\sin\left(\dfrac{1}{2}x-\dfrac{\pi}{3}\right)$

$\qquad =\dfrac{1}{3}\sin\left\{\dfrac{1}{2}\left(x-\dfrac{2}{3}\pi\right)\right\}$

よって，$y=\sin x$ のグラフを，y 軸をもとにして x 軸方向へ2倍に拡大し，x 軸をもとにして y 軸方向へ $\dfrac{1}{3}$ 倍に縮小し，それを x 軸方向に $\dfrac{2}{3}\pi$ だけ平行移動したものである。

(ア)2，(イ)$\dfrac{1}{3}$，(ウ)$\dfrac{2}{3}\pi$

64 $y=2\cos 3x$ の周期のうち，正で最小のものは $\dfrac{2}{3}\pi$ となる。

$0\leqq x\leqq 2\pi$ のとき，$y=2\cos 3x$ において，$y=2$ となる x は4個，$y=-2$ となる x は3個ある。また，$y=\sin x$ と $y=2\cos 3x$ のグラフを考えれば，$\sin x=2\cos 3x$ は $0\leqq x\leqq 2\pi$ のとき，6個の解をもつ。

$\dfrac{ア}{イ}\ \dfrac{2}{3}$，ウ 4，エ 3，オ 6

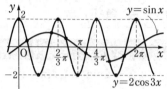

65 $|\sin x|=\begin{cases} \sin x & (0\leqq x\leqq\pi) \\ -\sin x & (-\pi\leqq x<0) \end{cases}$ だから，

$y=\sin x-|\sin x|$

$=\begin{cases} 0 & (0\leqq x\leqq\pi) \\ 2\sin x & (-\pi\leqq x<0) \end{cases}$

グラフは，**右の図**。

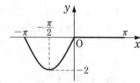

13 三角関数の応用 (p.32〜34)

66 $\sin^2\theta=1-\cos^2\theta$，$\sin\left(\dfrac{\pi}{2}+\theta\right)=\cos\theta$ より，

方程式は，
$2(1-\cos^2\theta)-\cos\theta-2=0$
$\cos\theta(2\cos\theta+1)=0$

よって，$\cos\theta=0,\ -\dfrac{1}{2}$

$0\leqq\theta\leqq\pi$ であるから，$\theta=\dfrac{\pi}{2},\ \dfrac{2}{3}\pi$

67 $2\cos^2\theta+3\sin\theta-3=0$ に，$\cos^2\theta=1-\sin^2\theta$ を代入して，
$2(1-\sin^2\theta)+3\sin\theta-3=0$
$2\sin^2\theta-3\sin\theta+1=0$
$(2\sin\theta-1)(\sin\theta-1)=0$
よって，$\sin\theta=\dfrac{1}{2},\ 1$

$0\leqq\theta\leqq\pi$ より，$\theta=\dfrac{\pi}{6},\ \dfrac{\pi}{2},\ \dfrac{5}{6}\pi$

68 $\tan\theta$ を用いているから，$0\leqq\theta<2\pi$ において，
$\theta\neq\dfrac{\pi}{2},\ \dfrac{3}{2}\pi\ \cdots\cdots①$

このとき与式の両辺に $\cos\theta$ をかけても同値であり，
$\sqrt{3}\sin\theta=(3+\tan^2\theta)\cos^2\theta$

$\sqrt{3}\sin\theta=3\cos^2\theta+\sin^2\theta$
$2\sin^2\theta+\sqrt{3}\sin\theta-3=0$
$(2\sin\theta-\sqrt{3})(\sin\theta+\sqrt{3})=0$
$-1\leqq\sin\theta\leqq1$ より，$\sin\theta=\dfrac{\sqrt{3}}{2}$

$0\leqq\theta<2\pi$ より，$\theta=\dfrac{\pi}{3},\ \dfrac{2}{3}\pi$

これらは①を満たし，適する。

69 $2\cos\theta-3\tan\theta>0$

$2\cos\theta-\dfrac{3\sin\theta}{\cos\theta}>0$

$\dfrac{2\cos^2\theta-3\sin\theta}{\cos\theta}>0$

$\dfrac{\pi}{2}<\theta<\pi$ より，$\cos\theta<0$ だから，
$2\cos^2\theta-3\sin\theta<0$
$2(1-\sin^2\theta)-3\sin\theta<0$
ゆえに，
$(2\sin\theta-1)(\sin\theta+2)>0$
$\sin\theta+2>0$ は常に成り立つから，

$\sin\theta>\dfrac{1}{2}$

$\dfrac{\pi}{2}<\theta<\pi$ より，$\dfrac{\pi}{2}<\theta<\dfrac{5}{6}\pi$

70 $y=\cos^2x+\sin x$
$=-\sin^2x+\sin x+1$
$=-\left(\sin x-\dfrac{1}{2}\right)^2+\dfrac{5}{4}$

$-\dfrac{\pi}{6}\leqq x\leqq\dfrac{\pi}{3}$ のとき，$-\dfrac{1}{2}\leqq\sin x\leqq\dfrac{\sqrt{3}}{2}$ だから，

$\sin x=-\dfrac{1}{2}$ のとき，最小となる。

よって，$x=-\dfrac{\pi}{6}$ のとき，最小値 $\dfrac{1}{4}$

71 $1+\tan^2x=\dfrac{1}{\cos^2x}$ より，$\tan^2x=\dfrac{1}{\cos^2x}-1$ であるから，

$y=\tan^2x+\dfrac{1}{\cos x}+2$

$=\left(\dfrac{1}{\cos^2x}-1\right)+\dfrac{1}{\cos x}+2$

$=\dfrac{1}{\cos^2x}+\dfrac{1}{\cos x}+1$

$=\left(\dfrac{1}{\cos x}+\dfrac{1}{2}\right)^2+\dfrac{3}{4}$

$-1\leqq\cos x\leqq1$ だから，$\dfrac{1}{\cos x}\leqq-1$ または

$\dfrac{1}{\cos x}\geqq1$ であり，$\dfrac{1}{\cos x}=-1$ のとき，y は最小値1をとる。

72 2つの放物線の方程式より，

$2\sqrt{3}(x-\cos\theta)^2+\sin\theta=-2\sqrt{3}(x+\cos\theta)^2-\sin\theta$

$4\sqrt{3}x^2+4\sqrt{3}\cos^2\theta+2\sin\theta=0$

$2\sqrt{3}x^2=-2\sqrt{3}(1-\sin^2\theta)-\sin\theta$

$2\sqrt{3}x^2=2\sqrt{3}\sin^2\theta-\sin\theta-2\sqrt{3}$

左辺は 0 以上となるから，右辺が 0 より大きな値になれば，この方程式の解 x は異なる 2 つの実数となり，2 つの放物線は相異なる 2 点で交わる。

そこで，

$2\sqrt{3}\sin^2\theta-\sin\theta-2\sqrt{3}>0$

$(2\sin\theta+\sqrt{3})(\sqrt{3}\sin\theta-2)>0$

ここで，$\sqrt{3}\sin\theta\leqq\sqrt{3}<2$ だから，常に

$\sqrt{3}\sin\theta-2<0$

ゆえに，$2\sin\theta+\sqrt{3}<0$ $\sin\theta<-\dfrac{\sqrt{3}}{2}$

よって，

$\dfrac{4}{3}\pi+2n\pi<\theta<\dfrac{5}{3}\pi+2n\pi$（**$n$ は整数**）

73 $4\sin^2x+2\cos x+a=3$ より，

$a=-4\sin^2x-2\cos x+3$

$\quad=4\cos^2x-2\cos x-1$

$\cos x=t$ とおいて，

$y=4t^2-2t-1$

$\quad=4\left(t-\dfrac{1}{4}\right)^2-\dfrac{5}{4}$

$-1\leqq t\leqq 1$ であるから，このグラフは右の図のようになる。

よって，直線 $y=a$ を引いたときの共有点 t の個数は，次のようになる。

(ⅰ) $a<-\dfrac{5}{4}$，$a>5$ のとき，0 個

(ⅱ) $a=-\dfrac{5}{4}$，$1<a\leqq 5$ のとき，1 個

(ⅲ) $-\dfrac{5}{4}<a\leqq 1$ のとき，2 個

ここで，$\cos x=t$ だから，$-\pi<x\leqq\pi$ において，

$\cos x=1$ のとき，対応する x は 1 個

$-1<\cos x<1$ のとき，対応する x は 2 個

$\cos x=-1$ のとき，対応する x は 1 個

そして，

$y=a=5$ のとき，$\cos x=t=-1$

$y=a=1$ のとき，$\cos x=t=1$

よって，解 x の個数は次のとおりである。

$a<-\dfrac{5}{4}$，$a>5$ のとき，0 個

$a=-\dfrac{5}{4}$，$1<a<5$ のとき，2 個

$a=5$ のとき，1 個

$-\dfrac{5}{4}<a<1$ のとき，4 個

$a=1$ のとき，3 個

14 加法定理とその応用 ①　　(p.35〜37)

74 与式より，$\cos\alpha=2\cos\beta$，$\sin\alpha=\dfrac{1}{2}\sin\beta$ であるから，

$\cos(\alpha+\beta)=\cos\alpha\cos\beta-\sin\alpha\sin\beta$

$\qquad\qquad=2\cos^2\beta-\dfrac{1}{2}\sin^2\beta$

$\qquad\qquad=\dfrac{5}{2}\cos^2\beta-\dfrac{1}{2}$ ……①

ここで，

$1=\sin^2\alpha+\cos^2\alpha$

$\ =\dfrac{1}{4}\sin^2\beta+4\cos^2\beta$

$\ =\dfrac{15}{4}\cos^2\beta+\dfrac{1}{4}$

よって，$\cos^2\beta=\dfrac{1}{5}$ となるから①へ代入して，

$\cos(\alpha+\beta)=0$ ……②

$0<\alpha<\dfrac{\pi}{2}$，$0<\beta<\dfrac{\pi}{2}$ より，$0<\alpha+\beta<\pi$ となるから，②を満たすのは，$\alpha+\beta=\dfrac{\pi}{2}$ となる。

別解　$\sin(\alpha+\beta)=\sin\alpha\cos\beta+\cos\alpha\sin\beta$

$\qquad\qquad=\dfrac{1}{2}\sin\beta\cos\beta+2\cos\beta\sin\beta$

$\qquad\qquad=\dfrac{5}{2}\sin\beta\cos\beta$

ここで，

$1=\sin^2\alpha+\cos^2\alpha$

$\ =\dfrac{1}{4}\sin^2\beta+4\cos^2\beta$

$\ =\dfrac{15}{4}\cos^2\beta+\dfrac{1}{4}$

$\cos^2\beta=\dfrac{1}{5}$ と $0<\beta<\dfrac{\pi}{2}$ より，$\cos\beta=\dfrac{1}{\sqrt{5}}$

$\sin^2\beta=1-\cos^2\beta=\dfrac{4}{5}$ だから，同様に $\sin\beta=\dfrac{2}{\sqrt{5}}$

よって，$\sin(\alpha+\beta)=\dfrac{5}{2}\cdot\dfrac{2}{\sqrt{5}}\cdot\dfrac{1}{\sqrt{5}}=1$

$0<\alpha+\beta<\pi$ だから，$\alpha+\beta=\dfrac{\pi}{2}$

75 $\cos\theta=0$ は $\dfrac{\sin\theta+\cos\theta}{\sin\theta-\cos\theta}=7$ を満たさないので，$\cos\theta\neq 0$ としてよい。

左辺の分子と分母を $\cos\theta$ で割ると，

$\dfrac{\tan\theta+1}{\tan\theta-1}=7$

ゆえに，$\tan\theta=\dfrac{4}{3}$

ここで，$\tan 2\theta=\dfrac{2\tan\theta}{1-\tan^2\theta}$ だから，

$$\tan 2\theta=\dfrac{2\cdot\dfrac{4}{3}}{1-\left(\dfrac{4}{3}\right)^2}=-\dfrac{24}{7}$$

76 (1) $\tan\theta+\dfrac{1}{\tan\theta}=\dfrac{\sin\theta}{\cos\theta}+\dfrac{\cos\theta}{\sin\theta}$

$\qquad\qquad\qquad=\dfrac{\sin^2\theta+\cos^2\theta}{\cos\theta\sin\theta}$

$\qquad\qquad\qquad=\dfrac{2}{2\sin\theta\cos\theta}$

$\qquad\qquad\qquad=\dfrac{2}{\sin 2\theta}$ ……①

$\tan\theta-\dfrac{1}{\tan\theta}=\dfrac{\sin^2\theta-\cos^2\theta}{\cos\theta\sin\theta}$

$\qquad\qquad\qquad=\dfrac{-2(\cos^2\theta-\sin^2\theta)}{2\sin\theta\cos\theta}$

$\qquad\qquad\qquad=\dfrac{-2\cos 2\theta}{\sin 2\theta}$ ……②

①＋② より，

$\tan\theta=\dfrac{1-\cos 2\theta}{\sin 2\theta}$ ……③

③に $\theta=\dfrac{\pi}{12}$ を代入して，

$\tan\dfrac{\pi}{12}=\dfrac{1-\cos\dfrac{\pi}{6}}{\sin\dfrac{\pi}{6}}=\dfrac{1-\dfrac{\sqrt{3}}{2}}{\dfrac{1}{2}}$

$\qquad\quad=2-\sqrt{3}$

ア **2**，イ **2**，ウエ **－2**，オ **2**，カ **2**，キ **2**，ク **3**

(2) (1)より，

$\tan\theta+\dfrac{1}{\tan\theta}=\dfrac{2}{\sin 2\theta}$

$\dfrac{\pi}{12}\leqq\theta\leqq\dfrac{\pi}{3}$ だから，$\sin 2\theta>0$

よって，$\sin 2\theta$ が最大となるとき与式は最小となり，$\sin 2\theta$ が最小となるときは与式は最大となる。

したがって，$\theta=\dfrac{\pi}{4}$ のとき，最小値2

$\theta=\dfrac{\pi}{12}$ のとき，最大値4

ケ **4**，コ **2**，サシ **12**，ス **4**

77 $27x^2-21x+a=0$ において，解と係数の関係より，

$$\begin{cases} \sin\theta+\cos 2\theta=\dfrac{7}{9} & \cdots\cdots① \\[2mm] \sin\theta\cos 2\theta=\dfrac{a}{27} & \cdots\cdots② \end{cases}$$

①より，$\sin\theta+(1-2\sin^2\theta)=\dfrac{7}{9}$

$18\sin^2\theta-9\sin\theta-2=0$

$(6\sin\theta+1)(3\sin\theta-2)=0$

$\sin\theta=-\dfrac{1}{6}$，$\dfrac{2}{3}$

$\dfrac{\pi}{6}<\theta<\dfrac{\pi}{2}$ であるから $\sin\theta=\dfrac{2}{3}$ のみ適する。

このとき，①より，

$\cos 2\theta=\dfrac{7}{9}-\sin\theta=\dfrac{7}{9}-\dfrac{2}{3}$

$\qquad\quad=\dfrac{1}{9}$

よって，②より，

$a=27\sin\theta\cos 2\theta$

$\quad=27\cdot\dfrac{2}{3}\cdot\dfrac{1}{9}$

$\quad=2$

78 直線 ℓ と x 軸のなす角が θ だから，直線①と x 軸のなす角は 2θ となり，$\tan 2\theta$ が直線①の傾きと一致するから，

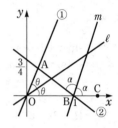

$\tan 2\theta=\dfrac{12}{5}$

また，2倍角の公式から，

$\dfrac{2\tan\theta}{1-\tan^2\theta}=\dfrac{12}{5}$

よって，$6\tan^2\theta+5\tan\theta-6=0$

ここで，$t=\tan\theta$ とおくと，$6t^2+5t-6=0$

$(3t-2)(2t+3)=0$

図より，$0<\theta<\dfrac{\pi}{4}$ だから $0<t<1$ となり，$t=\dfrac{2}{3}$

よって，ℓ の方程式は，

$y=\dfrac{2}{3}x$ ……③

m と x 軸のなす角を α とおくと，

$0<\alpha<\dfrac{\pi}{2}$ ……④

ℓ のときと同様に，

$\tan 2\alpha=-\dfrac{3}{4}$

$\dfrac{2\tan\alpha}{1-\tan^2\alpha}=-\dfrac{3}{4}$

$(3\tan\alpha+1)(\tan\alpha-3)=0$

④より $0<\tan\alpha$ だから，$\tan\alpha=3$

直線 m は傾き3で点 $(1,\ 0)$ を通るから，

$y=3x-3$ ……⑤

よって，③と⑤より，ℓ と m の交点は，

$\left(\dfrac{9}{7},\ \dfrac{6}{7}\right)$

$\dfrac{アイ}{ウ}\dfrac{12}{5}$, エ 6, オ 5, カ 6, $\dfrac{キ}{ク}\dfrac{2}{3}$, ケ 3, コ 3,

$\dfrac{サ}{シ}\dfrac{9}{7}$, $\dfrac{ス}{セ}\dfrac{6}{7}$

79 ∠BPA$=\theta$, ∠OPA$=\alpha$, OP$=x$ とおくと,

$\tan(\theta+\alpha)=\dfrac{a+b}{x}$, $\tan\alpha=\dfrac{a}{x}$ となる。

$\tan\theta=t$ とおくと, 加法定理より,

$\tan(\theta+\alpha)=\dfrac{\tan\theta+\tan\alpha}{1-\tan\theta\tan\alpha}$

$=\dfrac{t+\dfrac{a}{x}}{1-t\cdot\dfrac{a}{x}}$

$=\dfrac{xt+a}{x-at}$

ゆえに,

$\dfrac{xt+a}{x-at}=\dfrac{a+b}{x}$

$(a^2+ab+x^2)t=bx$

$t=\dfrac{bx}{a^2+ab+x^2}$

$=\dfrac{b}{\dfrac{a^2+ab}{x}+x}$

ここで, a, b, x は正の数で a, b は定数だから, 相加平均と相乗平均の関係より,

$\dfrac{a^2+ab}{x}+x\geqq2\sqrt{\dfrac{a^2+ab}{x}\cdot x}$

$=2\sqrt{a^2+ab}$ ……①

分母が最小となるときに, t が最大となり, ①の等号が成立するときがそれになる。

$\dfrac{a^2+ab}{x}=x$ つまり $x=\sqrt{a^2+ab}$ のとき t が最大

となり, $t=\tan\theta$ $\left(0<\theta<\dfrac{\pi}{2}\right)$ であるから, このとき ∠BPA$=\theta$ も最大となる。

よって, **OP$=\sqrt{a^2+ab}$**

15 加法定理とその応用 ② (p.38〜39)

80 (1) $t=\sin\theta+\cos\theta$

$=\sqrt{2}\sin\left(\theta+\dfrac{\pi}{4}\right)$

ゆえに, $-\sqrt{2}\leqq t\leqq\sqrt{2}$

$y=\sin2\theta+\sin\theta+\cos\theta$

$=2\sin\theta\cos\theta+\sin\theta+\cos\theta$

$=(\sin\theta+\cos\theta)^2-1+(\sin\theta+\cos\theta)$

$=t^2+t-1$

(2)(1)より, $y=t^2+t-1$

$=\left(t+\dfrac{1}{2}\right)^2-\dfrac{5}{4}$

$-\sqrt{2}\leqq t\leqq\sqrt{2}$ であるから,

$t=-\dfrac{1}{2}$ のとき, 最小値 $-\dfrac{5}{4}$

$t=\sqrt{2}$ のとき, 最大値 $1+\sqrt{2}$

よって, $-\dfrac{5}{4}\leqq y\leqq1+\sqrt{2}$

81 $1+\sin2x=\sqrt{3}\sin\left(x+\dfrac{\pi}{4}\right)$ において,

$1+\sin2x$

$=\sin^2x+\cos^2x+2\sin x\cos x$

$=(\sin x+\cos x)^2$

$\sqrt{3}\sin\left(x+\dfrac{\pi}{4}\right)$

$=\sqrt{3}\left(\sin x\cos\dfrac{\pi}{4}+\cos x\sin\dfrac{\pi}{4}\right)$

$=\dfrac{\sqrt{6}}{2}(\sin x+\cos x)$

ゆえに, $t=\sin x+\cos x$ とおくと, 与式は,

$t^2=\dfrac{\sqrt{6}}{2}t$

$t\left(t-\dfrac{\sqrt{6}}{2}\right)=0$ ……①

ここで, $t=\sin x+\cos x=\sqrt{2}\sin\left(x+\dfrac{\pi}{4}\right)$

$0\leqq x\leqq\pi$ だから, $\dfrac{\pi}{4}\leqq x+\dfrac{\pi}{4}\leqq\dfrac{5}{4}\pi$ となり,

$-1\leqq t\leqq\sqrt{2}$ であるので, ①を満たす t は,

$t=0$, $\dfrac{\sqrt{6}}{2}$

$t=0$ のとき, $\sqrt{2}\sin\left(x+\dfrac{\pi}{4}\right)=0$

ゆえに, $x=\dfrac{3}{4}\pi$

$t=\dfrac{\sqrt{6}}{2}$ のとき, $\sqrt{2}\sin\left(x+\dfrac{\pi}{4}\right)=\dfrac{\sqrt{6}}{2}$

$\sin\left(x+\dfrac{\pi}{4}\right)=\dfrac{\sqrt{3}}{2}$

$x+\dfrac{\pi}{4}=\dfrac{\pi}{3}$, $\dfrac{2}{3}\pi$

ゆえに, $x=\dfrac{\pi}{12}$, $\dfrac{5}{12}\pi$

よって, $x=\dfrac{\pi}{12}$, $\dfrac{5}{12}\pi$, $\dfrac{3}{4}\pi$

別解 $x+\dfrac{\pi}{4}=\theta$ とおくと,

$\dfrac{\pi}{4}\leqq\theta\leqq\dfrac{5}{4}\pi$ ……②

$x=\theta-\dfrac{\pi}{4}$ を与式に代入すると,

$1+\sin\left(2\theta-\dfrac{\pi}{2}\right)=\sqrt{3}\sin\theta$

$1-\cos 2\theta=\sqrt{3}\sin\theta$

$2\sin^2\theta=\sqrt{3}\sin\theta$

$\sin\theta(2\sin\theta-\sqrt{3})=0$

$\sin\theta=0,\ \dfrac{\sqrt{3}}{2}$

これを満たす θ を②の範囲で求めると,

$\theta=\dfrac{\pi}{3},\ \dfrac{2}{3}\pi,\ \pi$

よって, $x=\dfrac{\pi}{12},\ \dfrac{5}{12}\pi,\ \dfrac{3}{4}\pi$

82 $\sin\theta-\sqrt{3}\cos\theta\geqq 1$

$2\sin\left(\theta-\dfrac{\pi}{3}\right)\geqq 1$

$\sin\left(\theta-\dfrac{\pi}{3}\right)\geqq\dfrac{1}{2}$ ……①

$0\leqq\theta<2\pi$ より, $-\dfrac{\pi}{3}\leqq\theta-\dfrac{\pi}{3}<\dfrac{5}{3}\pi$ だから, ①

を満たす θ は,

$\dfrac{\pi}{6}\leqq\theta-\dfrac{\pi}{3}\leqq\dfrac{5}{6}\pi$

よって, $\dfrac{\pi}{2}\leqq\theta\leqq\dfrac{7}{6}\pi$

83 $0<\sin\theta-\cos\theta<\sqrt{\dfrac{3}{2}}$ から,

$0<\sqrt{2}\sin\left(\theta-\dfrac{\pi}{4}\right)<\sqrt{\dfrac{3}{2}}$

$0<\sin\left(\theta-\dfrac{\pi}{4}\right)<\dfrac{\sqrt{3}}{2}$ ……①

$0\leqq\theta\leqq\pi$ より, $-\dfrac{\pi}{4}\leqq\theta-\dfrac{\pi}{4}\leqq\dfrac{3}{4}\pi$ だから, ①を

満たす θ は,

$0<\theta-\dfrac{\pi}{4}<\dfrac{\pi}{3},\ \dfrac{2}{3}\pi<\theta-\dfrac{\pi}{4}\leqq\dfrac{3}{4}\pi$

よって, $\dfrac{\pi}{4}<\theta<\dfrac{7}{12}\pi,\ \dfrac{11}{12}\pi<\theta\leqq\pi$

84 (1) $\sin 3\theta=3\sin\theta-4\sin^3\theta$

$\qquad=3\cdot\dfrac{1}{5}-4\cdot\left(\dfrac{1}{5}\right)^3=\dfrac{71}{125}$

(2) $\sin 3x=3\sin x-4\sin^3 x,\ \cos 2x=1-2\sin^2 x$

を不等式に代入して,

$-2(3\sin x-4\sin^3 x)-(1-2\sin^2 x)$
$\quad+3\sin x+1\leqq 0$

$\sin x(4\sin x+3)(2\sin x-1)\leqq 0$

$0\leqq x\leqq\pi$ より, $4\sin x+3>0$ だから,

$\sin x(2\sin x-1)\leqq 0$

よって, $0\leqq\sin x\leqq\dfrac{1}{2}$

したがって, $0\leqq x\leqq\dfrac{\pi}{6},\ \dfrac{5}{6}\pi\leqq x\leqq\pi$

16 指数関数① (p.40〜41)

85 $\sqrt[4]{a^3\cdot\sqrt[3]{a^2\sqrt{a}}}\div\dfrac{1}{\sqrt[3]{a^{242}}\cdot\sqrt[6]{a^{13}}}$

$=\sqrt[4]{a^3\cdot\sqrt[3]{a^2\sqrt{a}}}\times(\sqrt[3]{a^{242}}\cdot\sqrt[6]{a^{13}})$

$=\sqrt[4]{a^3\cdot\left(a^2\cdot a^{\frac{1}{2}}\right)^{\frac{1}{3}}}\times a^{\frac{242}{3}}\cdot a^{\frac{13}{6}}$

$=\left(a^{3+\frac{5}{6}}\right)^{\frac{1}{4}}\times a^{\frac{242}{3}+\frac{13}{6}}$

$=a^{\frac{23}{24}}a^{\frac{497}{6}}$

$=\boldsymbol{a^{\frac{2011}{24}}}$

86 方程式の両辺を3乗して,

$(x+9)-3\sqrt[3]{x+9}\sqrt[3]{x-9}(\sqrt[3]{x+9}-\sqrt[3]{x-9})-(x-9)$
$=27$

よって, $\sqrt[3]{x+9}\sqrt[3]{x-9}(\sqrt[3]{x+9}-\sqrt[3]{x-9})=-3$

$\sqrt[3]{x+9}-\sqrt[3]{x-9}=3$ より $\sqrt[3]{x+9}\sqrt[3]{x-9}=-1$

両辺を3乗して, $x^2-81=-1$

したがって, $\boldsymbol{x^2=80}$

87 $2^x=t$ とおくと, $t>0$ である。与式は

$t^3-13t^2+44t-32=0$

$(t-1)(t^2-12t+32)=0$

$(t-1)(t-4)(t-8)=0$

$t=1,\ 4,\ 8$

$2^x=1,\ 4,\ 8$

よって, $\boldsymbol{x=0,\ 2,\ 3}$

88 $8^{x+2}-2^{x+4}+2^{-x}=0$ の両辺に 2^x をかけると,

$2^{4x+6}-2^{2x+4}+1=0$

$4^{2x+3}-4^{x+2}+1=0$

$4^{x+1}=t$ とおくと,

$4t^2-4t+1=0$

$(2t-1)^2=0$

$t=\dfrac{1}{2}$

ゆえに, $4^{x+1}=\dfrac{1}{2}$ より, $2^{2x+2}=2^{-1}$ だから,

$2x+2=-1$

よって, $\boldsymbol{x=-\dfrac{3}{2}}$

89 $3^{y-1}-2^x=19$ から, $3^y-3\cdot 2^x=57$

$2^x=s,\ 3^y=t$ とおくと,

$t-3s=57$ ……①

$4^x+2^{x+1}-3^y=-1$ から,

$s^2+2s-t=-1$ ……②

①, ②より,

$s^2+2s-3s-57=-1$

$s^2-s-56=0$

$(s-8)(s+7)=0$

$s>0$ だから，$s=8$

このとき，$t=3s+57=81$

よって，$2^x=8$，$3^y=81$ から，$\boldsymbol{x=3}$，$\boldsymbol{y=4}$

90 $\left(\dfrac{1}{4}\right)^x-9\cdot\left(\dfrac{1}{2}\right)^{x-1}+32\leqq0$ より，

$\left\{\left(\dfrac{1}{2}\right)^x\right\}^2-18\cdot\left(\dfrac{1}{2}\right)^x+32\leqq0$

$\left(\dfrac{1}{2}\right)^x=t$ とおくと，

$t^2-18t+32\leqq0$

$(t-16)(t-2)\leqq0$

$2\leqq t\leqq16$

$2\leqq\left(\dfrac{1}{2}\right)^x\leqq16$

$\left(\dfrac{1}{2}\right)^{-1}\leqq\left(\dfrac{1}{2}\right)^x\leqq\left(\dfrac{1}{2}\right)^{-4}$

底 $\dfrac{1}{2}$ は 1 より小さいから，

$\boldsymbol{-4\leqq x\leqq-1}$

17 指数関数 ② (p.42〜43)

91 $a^x=t$ とおくと，$t>0$ である。与式は，

$t^3-at^2+3t^2-3at+2t-2a>0$

$t^3+(3-a)t^2+(2-3a)t-2a>0$

$(t+1)\{t^2+(2-a)t-2a\}>0$

$(t+1)(t+2)(t-a)>0$ ……①

$t>0$ だから，常に $(t+1)(t+2)>0$

ゆえに，①は $t-a>0$ となる。

つまり，$a^x>a$

よって，$\boldsymbol{0<a<1}$ **のとき，$\boldsymbol{x<1}$**

$\boldsymbol{a>1}$ **のとき，$\boldsymbol{x>1}$**

92 $3^x=t$ とおくと，$0\leqq x\leqq3$ だから，$1\leqq t\leqq27$

$f(x)=3^{2x-1}-2\cdot3^{x+1}$

$\qquad=\dfrac{1}{3}t^2-6t$

$\qquad=\dfrac{1}{3}(t-9)^2-27$

$1\leqq t\leqq27$ より，

$t=9$ つまり $x=2$ のとき，**最小値 -27**

$t=27$ つまり $x=3$ のとき，**最大値 81**

93 $2^x+2^{-x}=t$ とおくと，$2^x>0$，$2^{-x}>0$ だから，相加平均と相乗平均の関係より，

$t=2^x+2^{-x}\geqq2\sqrt{2^x\cdot2^{-x}}=2$

等号成立の条件は，$2^x=2^{-x}$ すなわち，$x=0$

ここで，$t^2=(2^x+2^{-x})^2$

$\qquad\qquad=4^x+2\cdot2^x\cdot2^{-x}+4^{-x}$

$\qquad\qquad=4^x+4^{-x}+2$

つまり，$4^x+4^{-x}=t^2-2$

したがって，

$f(x)=6(2^x+2^{-x})-2(4^x+4^{-x})$

$\qquad=6t-2(t^2-2)$

よって，$\boldsymbol{f(x)=-2t^2+6t+4}$ **（$t\geqq2$）**

次に，$f(x)=-2\left(t-\dfrac{3}{2}\right)^2+\dfrac{17}{2}$ となり，$t\geqq2$ より，

$t=2$ つまり $x=0$ のとき最大値 8 をとる。

94 $3^x=t$ とおくと，

$x>0$ のとき，$t>1$

$x<0$ のとき，$0<t<1$

つまり，$t^2+2at+2a^2+a-6=0$ が $t>1$ と $0<t<1$ に1つずつ解をもつ条件を求めればよい。

$f(t)=t^2+2at+2a^2+a-6$ とおくと，$f(t)$ は t^2 の係数が正である t の2次関数だから，求める条件は，$f(0)>0$ かつ $f(1)<0$ である。

$f(0)=2a^2+a-6$

$\qquad=(2a-3)(a+2)>0$

ゆえに，$a<-2$，$a>\dfrac{3}{2}$ ……①

$f(1)=2a^2+3a-5$

$\qquad=(2a+5)(a-1)<0$

ゆえに，$-\dfrac{5}{2}<a<1$ ……②

①，②より，

$\boldsymbol{-\dfrac{5}{2}<a<-2}$

☑**注意**

一般に，整式で表された関数 $y=f(x)$ に対して，方程式 $f(x)=0$ が区間 $\alpha<x<\beta$ において実数解をもつ条件は，$f(\alpha)f(\beta)<0$ である。

つまり，$f(\alpha)$ と $f(\beta)$ が異符号となるとき，曲線 $y=f(x)$ が区間 $\alpha<x<\beta$ で必ず x 軸と交点をもつといえる。

この問題の解答では，$f(0)>0$ かつ $f(1)<0$ だから，$0<t<1$ の実数解をもつようにしか定めていないように思うかもしれない。

$f(t)=t^2+2at+2a^2+a^2-6$ は t^2 の係数が 1 だから正であり，$y=f(t)$ は下に凸の放物線となる。下に凸の放物線では x が十分大きくなれば必ず $y>0$ の値をとる。したがって，t^2 の係数が正の2次関数で $f(0)>0$ かつ $f(1)<0$ ならば，$0<t<1$ と $t>1$ に1つずつ実数解をもつ。

もし，t^2 の係数が負の2次関数で $f(0)>0$ かつ $f(1)<0$ ならば，$t<0$ と $0<t<1$ に1つずつ解をもつことになる。

95 $2^x=s$, $3^y=t$, $7^z=u$ とおくと，与式は，

$$\begin{cases} \dfrac{s}{4}+\dfrac{t}{3}+u=11 \\ s+t-2u=-1 \\ \dfrac{s}{2}+\dfrac{t}{9}+\dfrac{u}{7}=2^k \end{cases}$$

この連立方程式を解くと，

$$s=\frac{4(35\cdot2^k-83)}{57}$$

$$t=\frac{3(113-14\cdot2^k)}{19}$$

$$u=\frac{7(2^k+53)}{57}$$

s, t, u はすべて正の数だから，

$$\frac{83}{35}<2^k<\frac{113}{14}$$

$\dfrac{83}{35}=2.37\cdots$, $\dfrac{113}{14}=8.07\cdots$ より，

$3\leqq2^k\leqq8$

これを満たす整数 k は 2，3

$k=2$ のとき，$s=4$, $t=9$, $u=7$ ……①

$k=3$ のとき，u は整数にならないから z も整数でなく，不適。（s や t も同様）

①のとき，$2^x=4$, $3^y=9$, $7^z=7$ となるから，

$k=2$, $x=2$, $y=2$, $z=1$

18 対数関数 ① (p.44〜45)

96 (1)（与式）$=\log_3(\sqrt{10})^4+\dfrac{\log_3 25}{\log_3\frac{1}{3}}+\log_3\dfrac{9}{4}$

$$=\log_3 10^2-\log_3 25+\log_3\frac{9}{4}$$

$$=\log_3\frac{10^2}{25}\cdot\frac{9}{4}$$

$$=\log_3 3^2$$

$$=2$$

(2)（与式）$=\left(\log_2 9+\dfrac{\log_2 3}{\log_2 8}\right)\left(\log_3 16+\dfrac{\log_3 4}{\log_3 9}\right)$

$$=\left(2\log_2 3+\frac{1}{3}\log_2 3\right)(4\log_3 2+\log_3 2)$$

$$=\left(\frac{7}{3}\log_2 3\right)(5\log_3 2)$$

$$=\frac{35}{3}\log_2 3\cdot\log_3 2$$

$$=\frac{35}{3}\log_2 3\cdot\frac{1}{\log_2 3}$$

$$=\frac{35}{3}$$

(3) $2^{\log_4 25}=x$ とおき，両辺の 2 を底とする対数をとると，

$$\log_2 2^{\log_4 25}=\log_2 x$$

$$\log_4 25\cdot\log_2 2=\log_2 x$$

$$\frac{\log_2 25}{\log_2 4}=\log_2 x$$

$$\frac{2\log_2 5}{2\log_2 2}=\log_2 x$$

$$\log_2 5=\log_2 x$$

$$x=5$$

よって，$2^{\log_4 25}=$ **5**

> ☑ **注意**
> ①底の変換公式を利用して，次の関係式を導くことができる。（$s\neq0$ とする）
>
> $$\log_{a^s}R^t=\frac{\log_a R^t}{\log_a a^s}=\frac{t\log_a R}{s\log_a a}$$
>
> よって，$\log_{a^s}R^t=\dfrac{t}{s}\log_a R$
>
> これを使うと次のような変形がすぐにできる。
>
> **例** $\log_8 5=\log_{2^3}5=\dfrac{1}{3}\log_2 5$
>
> $\log_9 4=\log_{3^2}2^2=\dfrac{2}{2}\log_3 2=\log_3 2$
>
> ②対数の定義から，次の関係式を導くことができる。
>
> $a^r=R$ のとき $r=\log_a R$ と表したのだから，それを代入すれば $a^{\log_a R}=R$ である。
>
> **例** $2^{4\log_2 3}=2^{\log_2 3^4}=2^{\log_2 81}=81$
>
> ①，②を利用すれば，(3)の 別解 として，
>
> $2^{\log_4 25}=2^{\log_{2^2}5^2}=2^{\log_2 5}=5$

97 $2^a=3^b=12^c$ に対し，2 を底とする対数をとると，

$$\log_2 2^a=\log_2 3^b=\log_2 12^c$$

$$a=b\log_2 3=c\log_2 12$$

ゆえに，

$$a=c\log_2 12,\quad b=\frac{c\log_2 12}{\log_2 3}$$

これを代入して，

$$\frac{ab}{a+2b}=\frac{a}{\dfrac{a}{b}+2}=\frac{c\log_2 12}{\log_2 3+2}$$

$$=\frac{c\log_2 12}{\log_2 3+\log_2 4}=\frac{c\log_2 12}{\log_2 12}$$

$$=c$$

よって，$c=\dfrac{ab}{a+2b}$ が成り立つ。

別解 1. $2^a=3^b=12^c$ について対数をとったが，底は 2 以外でも同じようにできる。

別解 2. 対数を使わずに証明することもできる。

$2^a=12^c$, $3^b=12^c$ より，$2=12^{\frac{c}{a}}$, $3=12^{\frac{c}{b}}$

$12=2^2\cdot3$ だから，

$12=(12^{\frac{c}{a}})^2(12^{\frac{c}{b}})=12^{\frac{2c}{a}+\frac{c}{b}}$

両辺の指数を比較して,

$1=\dfrac{2c}{a}+\dfrac{c}{b}=\left(\dfrac{2b+a}{ab}\right)c$

よって, $c=\dfrac{ab}{a+2b}$

98 (1) $5\log_3 3x^2-4(\log_3 x)^2+1=0$ について,

真数条件より, $x>0$ ……①

$5(\log_3 3+2\log_3 x)-4(\log_3 x)^2+1=0$

ここで, $\log_3 x=t$ とおくと,

$5(1+2t)-4t^2+1=0$

$4t^2-10t-6=0$

$(2t+1)(t-3)=0$

$t=-\dfrac{1}{2},\ 3$

$\log_3 x=-\dfrac{1}{2},\ 3$

よって, $\boldsymbol{x=3^{-\frac{1}{2}}=\dfrac{\sqrt{3}}{3}},\ \boldsymbol{x=3^3=27}$

これらは①を満たす。

(2) $\log_x 4-\log_4 x^2-1=0$ について,

真数条件より, $x>0$

底の条件より, $x>0$ かつ $x\neq1$

両者を合わせて, $x>0$ かつ $x\neq1$ ……①

$\dfrac{1}{\log_4 x}-2\log_4 x-1=0$

$\log_4 x=t$ とおくと,

$\dfrac{1}{t}-2t-1=0$

両辺に $-t$ をかけて,

$2t^2+t-1=0$

$(2t-1)(t+1)=0$

ゆえに, $t=\dfrac{1}{2},\ -1$

$\log_4 x=\dfrac{1}{2},\ -1$

よって, $\boldsymbol{x=2},\ \dfrac{1}{4}$

これらは①を満たす。

99 $\log_2(x+1)-\log_2(y+3)=-1$ において,

真数条件より,

$x+1>0$ かつ $y+3>0$ ……①

$\log_2\dfrac{x+1}{y+3}=-1$ より, $\dfrac{x+1}{y+3}=\dfrac{1}{2}$

よって, $y=2x-1$

これを, $8\cdot3^x-3^y=-27$ に代入すると,

$8\cdot3^x-3^{2x-1}+27=0$

$3^x=t$ とおくと, $t>0$ ……②

$8t-\dfrac{1}{3}t^2+27=0$

$(t-27)(t+3)=0$

②を満たす t は, $t=27$

$3^x=27$ より, $\boldsymbol{x=3}$

このとき, $\boldsymbol{y=5}$

x と y はともに①を満たす。

19 対数関数 ②　(p.46〜47)

100 $2=\log_2 4,$

$\log_{\sqrt{2}}3=\dfrac{\log_2 3}{\log_2\sqrt{2}}=\dfrac{\log_2 3}{\dfrac{1}{2}}=2\log_2 3=\log_2 9$

底 2 は 1 より大きいから, $\log_2 4<\log_2 6<\log_2 9$

よって, $\boldsymbol{2<\log_2 6<\log_{\sqrt{2}}3}$

101 真数条件は,

$x>0$ かつ $x-2>0$ かつ $x+10>0$

すなわち, $x>2$ ……①

与式を変形して,

$\log_{10}x(x-2)\leqq\log_{10}(x+10)$

底 10 は 1 より大きいから,

$x(x-2)\leqq x+10$

$x^2-3x-10\leqq0$

$(x-5)(x+2)\leqq0$

$-2\leqq x\leqq5$ ……②

①, ②より, $\boldsymbol{2<x\leqq5}$

102 真数条件は,

$1-x^2>0$ かつ $x>0$

すなわち, $0<x<1$ ……①

与式を変形して,

$\log_a 2(1-x^2)<\log_a 4x^2$

底 a は $0<a<1$ だから,

$2(1-x^2)>4x^2$

$x^2<\dfrac{1}{3}$

$-\dfrac{\sqrt{3}}{3}<x<\dfrac{\sqrt{3}}{3}$ ……②

①, ②より, $\boldsymbol{0<x<\dfrac{\sqrt{3}}{3}}$

103 $y=\left(\log_{10}\dfrac{x}{100}\right)\left(\log_{10}\dfrac{1}{x}\right)$

$=(\log_{10}x-\log_{10}100)(-\log_{10}x)$

$=(\log_{10}x-2)(-\log_{10}x)$

$=-(\log_{10}x)^2+2(\log_{10}x)$

$\log_{10}x=t$ とおくと,

$y=-t^2+2t=-(t-1)^2+1$

$1<x\leqq100$ より, $0<t\leqq2$

よって, y は $t=1$ すなわち $\boldsymbol{x=10}$ のとき, 最大値をとる。

また, $t=2$ すなわち $x=100$ のとき, **最小値 0** をとる。

104 $f(x)=(\log_2 x)^2-\log_2 x^4+1$
$\qquad\quad=(\log_2 x)^2-4\log_2 x+1$

$\log_2 x=t$ とおくと，
$f(x)=t^2-4t+1=(t-2)^2-3$
$1\leqq x\leqq a$ より，$0\leqq t\leqq\log_2 a$
$f(x)=(t-2)^2-3=g(t)$ とおくと，$a>1$ だから，
$\log_2 a\leqq 2$ すなわち，$1<a\leqq 4$ のとき，$g(t)$ は，
$t=\log_2 a$ で最小値をとる。
このとき，$x=a$
よって，$f(x)$ の最小値は，
$f(a)=(\log_2 a)^2-4\log_2 a+1$
$\log_2 a>2$ すなわち，$a>4$ のとき，$g(t)$ は，$t=2$
で最小値をとる。
このとき，$x=4$
よって，$f(x)$ の最小値は
$f(4)=g(2)=-3$
以上より，$f(x)$ は
$1<a\leqq 4$ のとき，
最小値 $f(a)=(\log_2 a)^2-4\log_2 a+1$
$a>4$ のとき，
最小値 $f(4)=-3$

105 $\log_a b+2\log_b a-3>0$ より，

$\log_a b+\dfrac{2}{\log_a b}-3>0$

$\log_a b=t$ とおくと，

$t+\dfrac{2}{t}-3>0$

$\dfrac{t^2-3t+2}{t}>0$

$\dfrac{(t-1)(t-2)}{t}>0$ ……①

$a>1$ であるから，$y=\log_a b$ は b に関して単調増
加の関数で，$b>1$ より $\log_a b>\log_a 1=0$ だから，
$t>0$
よって，$(t-1)(t-2)>0$
つまり，$0<t<1$，$2<t$ となる。
$0<\log_a b<1$，$2<\log_a b$ より，
$1<b<a$，$b>a^2$ ……②
②を図示すると，**右の図**
の斜線部分となる。ただ
し，境界線は含まない。

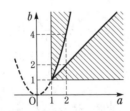

20 常用対数 $\qquad$ *(p.48〜49)*

106 (1) $\log_{10}7^6=6\log_{10}7=6\times 0.8451=5.0706$
$\qquad 5<\log_{10}7^6<6$
$\qquad \log_{10}10^5<\log_{10}7^6<\log_{10}10^6$
$\qquad 10^5<7^6<10^6$

10^5 は 6 桁で 10^6 は 7 桁だから，7^6 は **6 桁**となる。
(2) 7^7 の桁数が 10^n より大きく 10^{n+1} より小さいの
で，$10^n<\log_{10}7^{7}<10^{n+1}$ が成り立つ。
$\qquad 10^n<7^7\log_{10}7<10^{n+1}$
$\qquad 10^n<7^7\times 0.8451<10^{n+1}$
この不等式の各辺の 10 を底とする対数をとると，
$\log_{10}10^n<\log_{10}(7^7\times 0.8451)<\log_{10}10^{n+1}$
$n<7\log_{10}7+\log_{10}0.8451<n+1$
$n<7\times 0.8451+\log_{10}0.8451<n+1$
$n<5.9157+\log_{10}0.8451<n+1$
つまり，$\log_{10}0.8451=\alpha$ とおくと，
$4.9157+\alpha<n<5.9157+\alpha$ ……①
ここで，$0.7<0.8451<1$ より，
$\log_{10}0.7<\alpha<\log_{10}1$
$\log_{10}7-1<\alpha<0$
$-0.1549<\alpha<0$ ……②
①，②を満たす整数 n を求めると，**$n=5$**

☑**注意**
7^{7^7} は $(7^7)^7$ ではない。$(7^7)^7$ は，
$(7^7)^7=7^{7\times 7}=7^{49}$
となる数である。
実際には，$7^7=823543$ であるから，
$7^{7^7}=7^{(7^7)}=7^{823543}$
となって，7^{49} よりもはるかに大きい数である。

107 $\log_{10}\left(\dfrac{3}{5}\right)^{30}=\log_{10}\left(\dfrac{2\times 3}{10}\right)^{30}$
$\qquad\qquad\qquad=30(\log_{10}2+\log_{10}3-\log_{10}10)$
$\qquad\qquad\qquad=30(0.3010+0.4771-1)$
$\qquad\qquad\qquad=-6.657$

$-7<\log_{10}\left(\dfrac{3}{5}\right)^{30}<-6$

$\log_{10}10^{-7}<\log_{10}\left(\dfrac{3}{5}\right)^{30}<\log_{10}10^{-6}$

$10^{-7}<\left(\dfrac{3}{5}\right)^{30}<10^{-6}$

10^{-7} は小数第 7 位に，10^{-6} は小数第 6 位に初めて
0 でない数 1 が現れるから，$\left(\dfrac{3}{5}\right)^{30}$ は**小数第 7 位に**
初めて 0 でない数が現れる。

108 (1) 5^n が 39 桁の自然数であるから，
$\qquad 10^{38}\leqq 5^n<10^{39}$
$\qquad 38\leqq n\log_{10}5<39$
$\qquad$ よって，$\dfrac{38}{\log_{10}5}\leqq n<\dfrac{39}{\log_{10}5}$
$\qquad\qquad\dfrac{38}{0.6990}\leqq n<\dfrac{39}{0.6990}$
$\qquad\dfrac{38}{0.6990}=54.3\cdots$，$\dfrac{39}{0.6990}=55.7\cdots$
であるから，

自然数 n の値は **55**

(2) n が自然数のとき，5^n の一の位の数字は常に 5 であるから，a の一の位の数字は **5**

また，
$$\log_{10} a = \log_{10} 5^{55}$$
$$= 55 \log_{10} 5$$
$$= 55 \times 0.6990$$
$$= 38.445$$

$\log_{10} 2 = 1 - \log_{10} 5 = 0.3010$，
$\log_{10} 3 = 0.4771$ より，
$38 + \log_{10} 2 < \log_{10} a < 38 + \log_{10} 3$
よって，$2 \times 10^{38} < a < 3 \times 10^{38}$
したがって，先頭の数字は **2**

109 (1) $\log_{10} 1.024 = \log_{10} \dfrac{2^{10}}{10^3}$
$$= 10 \log_{10} 2 - 3$$
$$= 10 \times 0.30103 - 3$$
$$= 3.0103 - 3$$
$$= \mathbf{0.0103}$$

(2) 年 2.4% の複利で 1000 万円を n 年間借りれば，負債は $1000(1.024)^n$ 万円となるから，
$1000(1.024)^n > 2000$
として解くと，
$(1.024)^n > 2$
$\log_{10}(1.024)^n > \log_{10} 2$
$n \log_{10} 1.024 > \log_{10} 2$
$0.0103 n > 0.30103$
$n > \dfrac{0.30103}{0.0103} = \dfrac{30103}{1030} = 29.2\cdots$
よって，**30 年後**

110 n 年後に半分以下になるとすると，
$(1 - 0.04)^n \leqq 0.5$
$\left(\dfrac{2^5 \cdot 3}{10^2}\right)^n \leqq \dfrac{1}{2}$
$\log_{10}\left(\dfrac{2^5 \cdot 3}{10^2}\right)^n \leqq \log_{10} \dfrac{1}{2}$
$n(5\log_{10} 2 + \log_{10} 3 - 2) \leqq -\log_{10} 2$
$n(5 \times 0.3010 + 0.4771 - 2) \leqq -0.3010$
$-0.0179 n \leqq -0.3010$
$n \geqq \dfrac{0.3010}{0.0179} = 16.8\cdots$
よって，**17 年後**

第6章 微分・積分

21 導関数と接線 (p.50〜51)

111 $f(x) = ax^3 + bx^2 + cx + d$ とおくと，① より，
$3f(x) - xf'(x)$
$= 3(ax^3 + bx^2 + cx + d) - x(3ax^2 + 2bx + c)$

$= bx^2 + 2cx + 3d$
$bx^2 + 2cx + 3d = x^2 - 4x + 3$ が x についての恒等式になるから，
$b = 1$，$2c = -4$，$3d = 3$
よって，$f(x) = ax^3 + x^2 - 2x + 1$
ここで，条件⑦を用いると，$a = 1$ または $a = 0$
したがって，
$$f(x) = x^3 + x^2 - 2x + 1,\ \ f(x) = x^2 - 2x + 1$$

> ☑ **注意**
> 初めに条件⑦から，
> $f(x) = ax^3 + bx^2 + cx + a$
> とおいてはいけない。こうおくと，求める前から3次関数と決めていることになる。

112 (1) $f(x)$ を定数関数とすると $f'(x) = 0$ となり，不適。
$f(x)$ を n 次関数とする。ただし，$1 \leqq n \leqq 3$
$f'(x)$ は $(n-1)$ 次関数となるから，
$f(x)f'(x)$ は $(2n-1)$ 次関数である。
$2n - 1 = 3$ より，$n = 2$
よって，$f(x)$ は 2 次関数である。

(2) (1)より $f(x)$ は 2 次関数だから，
$f(x) = ax^2 + bx + c\ (a \neq 0)$ とおく。
$f'(x) = 2ax + b$ を代入して，
$f(x)f'(x)$
$= (ax^2 + bx + c)(2ax + b)$
$= 2a^2 x^3 + 3abx^2 + (b^2 + 2ac)x + bc$
$= 18x^3 + 63x^2 + 19x - 35$
これが x についての恒等式となるから，
$2a^2 = 18$，$3ab = 63$
$b^2 + 2ac = 19$，$bc = -35$
ゆえに，
$(a,\ b,\ c) = (3,\ 7,\ -5),\ (-3,\ -7,\ 5)$
よって，
$$f(x) = 3x^2 + 7x - 5,\ \ f(x) = -3x^2 - 7x + 5$$

[別解] （次のようにすれば(1)と(2)が同時にできる。）
$f(x)$ は 3 次以下の関数だから，次のようにおく。
$f(x) = ax^3 + bx^2 + cx + d\ (a \neq 0\ とはしない。)$
$f(x)f'(x)$
$= (ax^3 + bx^2 + cx + d)(3ax^2 + 2bx + c)$
$= 18x^3 + 63x^2 + 19x - 35$
これが x についての恒等式となるから，展開して係数を比較すると，$3a^2 x^5$ は常に 0 だから，$a = 0$
$f(x)f'(x) = (bx^2 + cx + d)(2bx + c)$
$\qquad\qquad = 18x^3 + 63x^2 + 19x - 35$
（以後同様にする。中略）
$$f(x) = 3x^2 + 7x - 5,\ \ f(x) = -3x^2 - 7x + 5$$
これにより，(1)と(2)が同時にできた。

113 (1) $y = x^3 - 3x$ に対して，$y' = 3x^2 - 3$ だから，

$x=0$ のとき $y'=-3$ が原点における接線の傾きである。つまり，接線の方程式は $y=-3x$
これは直線 ℓ である。

(2)接点を $(t,\ t^3-3t)$ とする
曲線 C の接線の方程式は，
$y-(t^3-3t)$
$=(3t^2-3)(x-t)$
つまり，
$y=(3t^2-3)x-2t^3$

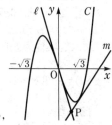

点 $\mathrm{P}(a,\ -3a)$ を通るから，
$-3a=(3t^2-3)a-2t^3$
$t^2(2t-3a)=0$
$t\neq0$ となるのは，$t=\dfrac{3}{2}a$
これを $y=(3t^2-3)x-2t^3$ に代入して，m の方程式を求めると，$\boldsymbol{y=\left(\dfrac{27}{4}a^2-3\right)x-\dfrac{27}{4}a^3}$

114 接点の x 座標を t とすると，その点における接線の傾きが一致するから，
$6t^2+4t=3t^2+4t+3$
ゆえに，$\boldsymbol{t=\pm1}$
(i) $t=1$ のとき，接点は $(1,\ 4+a)$ だから，
$y=2x^3+2x^2+a$ の接線は，$y=10x+a-6$
点 $(2,\ 15)$ を代入して，$a=1$
よって，接線の方程式は，$y=10x-5$ となり，
$x=1$ のとき $y=5$
点 $(1,\ 5)$ を $y=x^3+2x^2+3x+b$ に代入して，
$b=-1$
(ii) $t=-1$ のとき，接点は $(-1,\ a)$ だから，同様にして，
$y=2x^3+2x^2+a$ の接線は，$y=2x+a+2$
点 $(2,\ 15)$ を代入して，$a=9$
よって，接線の方程式は，$y=2x+11$
点 $(-1,\ 9)$ を代入して，$b=11$
したがって，$\boldsymbol{a=1,\ b=-1}$ で，$\boldsymbol{y=10x-5}$
$\boldsymbol{a=9,\ b=11}$ で，$\boldsymbol{y=2x+11}$

22 関数の極大・極小と最大・最小① （p.52～53）

115 $f'(x)=3x^2-9=3(x+\sqrt{3})(x-\sqrt{3})$ だから，
$f'(x)=0$ を満たすのは，$x=\pm\sqrt{3}$
増減表は次のようになる。

x	……	$-\sqrt{3}$	……	$\sqrt{3}$	……
$f'(x)$	+	0	−	0	+
$f(x)$	↗	極大	↘	極小	↗

$x=\sqrt{3}$ のとき極小となるから極小値が 0 より，
$f(\sqrt{3})=3\sqrt{3}-9\sqrt{3}+a=0$
$a=6\sqrt{3}$
つまり，$f(x)=x^3-9x+6\sqrt{3}$ となるから，
極大値は，$\boldsymbol{f(-\sqrt{3})=12\sqrt{3}}$

116 (1) $y=x^2(x-a)$ より，$y'=3x^2-2ax$
つまり，点 $\mathrm{P}(p,\ p^2(p-a))$ における接線 ℓ の方程式は，
$y-p^2(p-a)=(3p^2-2ap)(x-p)$
$y=(3p^2-2ap)x-2p^3+ap^2$
$\mathrm{H}(0,\ h)$ を通るから，
$\boldsymbol{h=-2p^3+ap^2}$
(2) $p\geqq0$ のとき，$h=-2p^3+ap^2$ について，p で微分すると，
$h'=-6p^2+2ap$
　$=-2p(3p-a)$
$h'=0$ を満たすのは，$p=0,\ \dfrac{a}{3}\ (a>0)$

p	0	……	$\dfrac{a}{3}$	……
$h'(p)$		+	0	−
$h(p)$	0	↗	極大	↘

よって，$\boldsymbol{p=\dfrac{a}{3}}$ のとき，極大かつ最大である。
このとき，接線 ℓ の方程式は，
$y=\left(3\cdot\dfrac{a^2}{9}-2a\cdot\dfrac{a}{3}\right)x-2\cdot\dfrac{a^3}{27}+a\cdot\dfrac{a^2}{9}$
よって，$\boldsymbol{y=-\dfrac{a^2}{3}x+\dfrac{a^3}{27}}$

117 (1)点 $\mathrm{P}(x,\ y)$ は $y=x^3$ 上の点だから $\mathrm{P}(x,\ x^3)$ で，直線 $y=3x-3$ との距離 d は，
$\boldsymbol{d=\dfrac{|3x-x^3-3|}{\sqrt{10}}}$

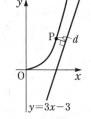

(2) $d=\dfrac{|x^3-3x+3|}{\sqrt{10}}$ だから，
$f(x)=x^3-3x+3$ とおくと，$f'(x)=3x^2-3$

x	0	……	1	……
$f'(x)$		−	0	+
$f(x)$	3	↘	極小 1	↗

増減表より，$f(x)\geqq f(1)=1>0$
つまり，$x\geqq0$ のとき，$d=\dfrac{x^3-3x+3}{\sqrt{10}}$ であり，
$x=1$ のとき，最小値 $\boldsymbol{d=\dfrac{1}{\sqrt{10}}=\dfrac{\sqrt{10}}{10}}$

別解 曲線 $y=x^3\ (x\geqq0)$ の接線が，直線
$y=3x-3$ に平行となるとき，つまり，傾きが 3 となる接点において d は最小となる。
ゆえに，$y'=3x^2=3\ (x\geqq0)$ により，$x=1$
このとき，(1)の結果より最小値 $\boldsymbol{d=\dfrac{1}{\sqrt{10}}=\dfrac{\sqrt{10}}{10}}$

118 (1) $f(n)=n^3-60n=n(n+2\sqrt{15})(n-2\sqrt{15})$
n は自然数だから，$n(n+2\sqrt{15})>0$

よって，$f(n)>0$ を満たす n は $n-2\sqrt{15}>0$ より，$n^2>60$

これを満たす最小の自然数 n は，**8**

(2) x を実数として，$f(x)=x^3-60x$ を考える。

$f'(x)=3x^2-60=3(x^2-20)$

$x>0$ のとき，$f'(x)=0$ を満たすのは $x=2\sqrt{5}$

x	0	……	$2\sqrt{5}$	……
$f'(x)$		$-$	0	$+$
$f(x)$		↘	極小	↗

$x=2\sqrt{5}$ のとき，$x>0$ で極小かつ最小となる。

そこで，$4<2\sqrt{5}<5$ だから，

$f(4)=4^3-60\cdot4=-176$

$f(5)=5^3-60\cdot5=-175$

よって，n を自然数とすれば，$n=4$ のとき $f(n)$ は最小となり，最小値は **-176** である。

☑注意

$f(n)$ を $f(x)$ におき換えた理由は次のとおりである。

n が自然数のとき，$f(n)=n^3-60n$ はとびとびの値をとっているだけで，グラフをかくと1つずつ離れた点となる。点だけでは，接線は引けない。つまり微分係数は存在せず，微分はできない。

しかし，$f(n)=n^3-60n$ の各点は実数 x に対して考えた $f(x)=x^3-60x$ のグラフ上にあり，$f(x)$ ならば微分して増減・極値を調べることができるのだから，$f(x)$ で考えた最小値の付近で，$f(n)$ の最小値をさがしたのである。

23 関数の極大・極小と最大・最小② (p.54〜55)

119 $f(x)$ は3次関数だから，

$f(x)=ax^3+bx^2+cx+d\ (a\neq0)$ とおくと，

$f'(x)=3ax^2+2bx+c$ ……①

$x=1,\ 3$ で極値をとるから，

$f'(1)=3a+2b+c=0$ ……②

$f'(3)=27a+6b+c=0$ ……③

②，③より，$b=-6a,\ c=9a$ だから，

$f(x)=ax^3-6ax^2+9ax+d$ ……④

$a\neq0$ より $f'(x)$ が2次関数とわかり，$x=1,\ 3$ は $f'(x)=0$ の異なる実数解だから，$f'(x)$ の符号変化より $f(1)$ と $f(3)$ の一方が極大値，他方が極小値である。

(i) $a>0$ のとき

極大値 $f(1)=4a+d=2$，極小値 $f(3)=d=-2$

ゆえに，$a=1$

(ii) $a<0$ のとき

極小値 $f(1)=4a+d=-2$，極大値 $f(3)=d=2$

ゆえに，$a=-1$

よって，

$$f(x)=x^3-6x^2+9x-2,\ f(x)=-x^3+6x^2-9x+2$$

120 (1) $f(x)=x^3+3ax^2+3bx+1$ より，

$f'(x)=3x^2+6ax+3b$

$x=-1,\ p$ で極値となるから，

$f'(-1)=3-6a+3b=0$ ……①

$f'(p)=3p^2+6ap+3b=0$ ……②

①，②より，$p^2+2ap+2a-1=0$

ゆえに，$(p+1)(p+2a-1)=0$

$p=-1,\ -2a+1$ となるが，$p=-1$ ならば，$x=-1$ で極大かつ極小となり，不適である。

つまり，$p\neq-1$ であるから，$p=-2a+1$ …③

となり，さらに，$y=f(x)$ のグラフの形より，

$-1<-2a+1$

すなわち，$a<1$ のときに，次のように極大値と極小値をとる。

x	……	-1	……	$-2a+1$	……
$f'(x)$	$+$	0	$-$	0	$+$
$f(x)$	↗	極大	↘	極小	↗

よって，①，③より，

$b=2a-1,\ p=-2a+1$ （ただし，$a<1$）

(2) (1)より極大値が $f(-1)$，極小値が $f(-2a+1)$ だから，$b=2a-1$ で，

$$f(-1)-f(-2a+1)=\frac{1}{2}$$

$$(-3a+3)-(4a^3-12a^2+9a-1)=\frac{1}{2}$$

$$-4(a-1)^3=\frac{1}{2}$$

$$a-1=-\frac{1}{2}$$

よって，**$a=\dfrac{1}{2}$**（これは $a<1$ を満たす。）

121 長方形の頂点を，

$(p,\ 0),\ (p,\ 6p-p^2)$，

$(6-p,\ 0),\ (6-p,\ 6p-p^2)$

とする。ただし，$0<p<3$

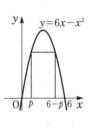

この長方形の面積 S は，

$S=(6-2p)(6p-p^2)$

$\quad=2p^3-18p^2+36p$

$S'=\dfrac{dS}{dp}=6p^2-36p+36$

$\quad=6(p^2-6p+6)$

$S'=0$ とすると，$p=3\pm\sqrt{3}$ だから，$0<p<3$ では，

p	0	……	$3-\sqrt{3}$	……	3
S'		$+$	0	$-$	
S		↗	極大	↘	

$p=3-\sqrt{3}$ のとき極大かつ最大となる。

よって，面積の最大値は，

$S=(6-2p)(6-p)p$

$\quad=2\sqrt{3}\,(3+\sqrt{3}\,)(3-\sqrt{3}\,)$

$\quad=12\sqrt{3}$

このときの長方形の周の長さは，

$2(6-2p)+2(6-p)p$

$=2\cdot2\sqrt{3}\,+2(3+\sqrt{3}\,)(3-\sqrt{3}\,)$

$=12+4\sqrt{3}$

122 (1) 缶の表面積は，$(2\pi xh+2\pi x^2)\,\mathrm{cm^2}$

これが $12\pi\,\mathrm{cm^2}$ となるから，

$2\pi xh+2\pi x^2=12\pi$

よって，$\boldsymbol{h=\dfrac{6-x^2}{x}}$

(2) 缶の体積を $V\,\mathrm{cm^3}$ とおくと，(1)の結果より，

$V=\pi x^2h=\pi x^2\left(\dfrac{6-x^2}{x}\right)=\pi x(6-x^2)$

$V'=\pi(-3x^2+6)$

(1)より，$h=\dfrac{6-x^2}{x}$ だから，$0<x<\sqrt{6}$

x	0	$\cdots\cdots$	$\sqrt{2}$	$\cdots\cdots$	$\sqrt{6}$
V'		$+$	0	$-$	
V		↗	極大	↘	

体積が最大になるのは，$\boldsymbol{x=\sqrt{2}}$，$\boldsymbol{h=2\sqrt{2}}$ のときで，体積は $4\sqrt{2}\,\pi\,\mathrm{cm^3}$

---

24 方程式・不等式への応用 (p.56〜57)

123 $y=x^3-\dfrac{3}{2}x^2-3x$ と $y=3x+k$ より，

$x^3-\dfrac{3}{2}x^2-3x=3x+k$

$x^3-\dfrac{3}{2}x^2-6x=k$

$f(x)=x^3-\dfrac{3}{2}x^2-6x$ とおくと，

$f'(x)=3x^2-3x-6$

$\quad=3(x-2)(x+1)$

x	$\cdots\cdots$	-1	$\cdots\cdots$	2	$\cdots\cdots$
$f'(x)$	$+$	0	$-$	0	$+$
$f(x)$	↗	極大	↘	極小	↗

極大値が $f(-1)=\dfrac{7}{2}$，極小値が $f(2)=-10$

よって，$y=f(x)$ のグラフと直線 $y=k$ が3つの相異なる交点をもつのは，$-10<k<\dfrac{7}{2}$ のときである。

124 (1) $f(x)=x^3-2x^2+x$ に対して，

$f'(x)=3x^2-4x+1=(3x-1)(x-1)$

$f'(x)=0$ とすると，$x=\dfrac{1}{3}$，1

x	$\cdots\cdots$	$\dfrac{1}{3}$	$\cdots\cdots$	1	$\cdots\cdots$
$f'(x)$	$+$	0	$-$	0	$+$
$f(x)$	↗	極大	↘	極小	↗

$f\left(\dfrac{1}{3}\right)=\dfrac{4}{27}$，$f(1)=0$ であるから，グラフの概形は**右の図**のようになる。

(2) まず $y=f(x)$ のグラフの接線のうち，原点を通るものの方程式を求める。

接点を $(\alpha,\ \alpha^3-2\alpha^2+\alpha)$ とおくと，接線の方程式は，$f'(\alpha)=3\alpha^2-4\alpha+1$ より，

$y-(\alpha^3-2\alpha^2+\alpha)=(3\alpha^2-4\alpha+1)(x-\alpha)$

$y=(3\alpha^2-4\alpha+1)x-2\alpha^3+2\alpha^2$

原点 $(0,\ 0)$ を通るから，

$0=-2\alpha^3+2\alpha^2=-2\alpha^2(\alpha-1)$

$\alpha=0$，1

ゆえに，接線の方程式は，$y=x$，$y=0$

つまり，直線 $y=kx$ は $k=0$，1 のときに，曲線 $y=f(x)$ と接する。

(1)で示したグラフの概形を考えて共有点の個数は，

$k<0$ のとき，1個

$k=0$，1 のとき，2個

$0<k<1$，$k>1$ のとき，3個

125 $f(x)=x^3-a^3-3a^2(x-a)$ とおく。

$f'(x)=3x^2-3a^2=3(x+a)(x-a)$ だから，

$f'(x)=0$ とすると，$x=\pm a$

$a>0$ より，$x\geqq0$ において，増減表は次のようになる。

x	0	$\cdots\cdots$	a	$\cdots\cdots$
$f'(x)$		$-$	0	$+$
$f(x)$	$2a^3$	↘	極小	↗

$x=a$ のとき，極小かつ最小だから，$x\geqq0$ で $f(x)\geqq f(a)=0$

よって，$x\geqq0$ に対して，

$x^3-a^3-3a^2(x-a)\geqq0$

したがって，$x^3-a^3\geqq3a^2(x-a)$ が成り立つ。

126 $f(x)=2x^3-15x^2+24x+21$ とおくと，

$f'(x)=6x^2-30x+24=6(x-1)(x-4)$

x	0	$\cdots\cdots$	1	$\cdots\cdots$	4	$\cdots\cdots$	5
$f'(x)$		$+$	0	$-$	0	$+$	
$f(x)$	21	↗	32	↘	5	↗	16

つまり，$0\leqq x\leqq5$ のとき，$5\leqq f(x)\leqq32$ となる。

$\log_2|a|\leqq2x^3-15x^2+24x+21\leqq2^{-a}$

が常に成り立つように定数 a の条件を考えると，

$\log_2|a| \le 5$ かつ $32 \le 2^{-a}$
すなわち,
$0 < |a| \le 32$ かつ $5 \le -a$
ゆえに,
$-32 \le a \le 32$ かつ $a \ne 0$ かつ $a \le -5$
よって, $-32 \le a \le -5$

25 不定積分と定積分　(p.58〜59)

127 $f(x)$ は 2 次関数だから,
$f(x) = ax^2 + bx + c$ （ただし, $a \ne 0$）
とすると, 原始関数 $F(x)$ は,
$F(x) = \dfrac{a}{3}x^3 + \dfrac{b}{2}x^2 + cx + d$ （d は積分定数）
つまり, $f'(x) = 2ax + b$ より,
$x^2(2ax + b) + \left(\dfrac{a}{3}x^3 + \dfrac{b}{2}x^2 + cx + d\right)$
$= 14x^3 + 6x^2 + 3x + 5$
ゆえに,
$\dfrac{7}{3}ax^3 + \dfrac{3}{2}bx^2 + cx + d = 14x^3 + 6x^2 + 3x + 5$
これが x についての恒等式だから,
$\dfrac{7}{3}a = 14$, $\dfrac{3}{2}b = 6$, $c = 3$, $d = 5$
$a = 6$, $b = 4$, $c = 3$, $d = 5$
よって, $\boldsymbol{F(x) = 2x^3 + 2x^2 + 3x + 5}$

128 $f(x) = 2x + \displaystyle\int_0^1 (x+t)f(t)dt$
$\qquad = 2x + \displaystyle\int_0^1 xf(t)dt + \int_0^1 tf(t)dt$
$\qquad = 2x + x\displaystyle\int_0^1 f(t)dt + \int_0^1 tf(t)dt$
ここで, $\displaystyle\int_0^1 f(t)dt$, $\displaystyle\int_0^1 tf(t)dt$ は定数だから,
$\displaystyle\int_0^1 f(t)dt = a$, $\displaystyle\int_0^1 tf(t)dt = b$ （a, b は定数）
とおける。
$f(x) = 2x + ax + b$
となるから,
$a = \displaystyle\int_0^1 (2t + at + b)dt = \left[t^2 + \dfrac{a}{2}t^2 + bt\right]_0^1$
$\quad = 1 + \dfrac{a}{2} + b$
つまり, $\dfrac{a}{2} - b = 1$ ……①
$b = \displaystyle\int_0^1 t(2t + at + b)dt$
$\quad = \displaystyle\int_0^1 (2t^2 + at^2 + bt)dt$
$\quad = \left[\dfrac{2}{3}t^3 + \dfrac{a}{3}t^3 + \dfrac{b}{2}t^2\right]_0^1$
$\quad = \dfrac{2}{3} + \dfrac{a}{3} + \dfrac{b}{2}$

つまり, $-\dfrac{a}{3} + \dfrac{b}{2} = \dfrac{2}{3}$ ……②
①, ②より, $a = -14$, $b = -8$
$f(x) = 2x - 14x - 8$
よって, $\boldsymbol{f(x) = -12x - 8}$

☑**注意**
t で積分する定積分においては, x は t と無関係な変数だから, 次の変形ができる。
$$\int_0^1 (x+t)f(t)dt$$
$$= \int_0^1 xf(t)dt + \int_0^1 tf(t)dt$$
$$= x\int_0^1 f(t)dt + \int_0^1 tf(t)dt$$
もし, t でなく x で積分するならば, （ただし, $f(t)$ には x や x と連動する変数は含まれないものとする）
$$\int_0^1 (x+t)f(t)dx$$
$$= \int_0^1 xf(t)dx + \int_0^1 tf(t)dx$$
$$= f(t)\int_0^1 xdx + tf(t)\int_0^1 dx$$

129 (1) $\displaystyle\int_0^3 (x^2 + ax + b)dx$
$= \left[\dfrac{x^3}{3} + \dfrac{a}{2}x^2 + bx\right]_0^3 = \dfrac{9}{2}a + 3b + 9 = 6$
であるから,
$\dfrac{3}{2}a + b + 1 = 0$

(2) (1)より, $b = -\dfrac{3}{2}a - 1$ を代入して,
$f(x) = x^2 + ax + b$
$\qquad = x^2 + ax - \dfrac{3}{2}a - 1$
$\qquad = \left(x + \dfrac{a}{2}\right)^2 - \dfrac{a^2}{4} - \dfrac{3}{2}a - 1$

(i) $-\dfrac{a}{2} \le 0$ つまり $a \ge 0$ のとき, $f(x)$ の最大
値は, $f(1) = -\dfrac{a}{2} = 2$
$a = -4$ となるが, これは $a \ge 0$ を満たさないから不適。

(ii) $-\dfrac{a}{2} > 0$ つまり $a < 0$ のとき, $f(x)$ の最大
値は, $f(-1) = -\dfrac{5}{2}a = 2$
よって, $a = -\dfrac{4}{5}$ となり, これは $a < 0$ を満たし, 適する。

(i), (ii)より, $\boldsymbol{a = -\dfrac{4}{5}}$, $\boldsymbol{b = -\dfrac{3}{2} \cdot \left(-\dfrac{4}{5}\right) - 1 = \dfrac{1}{5}}$

130 $f(x)=\displaystyle\int_{-3}^{x}(t^2-2t-3)\,dt$

$f'(x)=x^2-2x-3=(x-3)(x+1)$

x	-3	……	-1	……	3
$f'(x)$		$+$	0	$-$	
$f(x)$	0	↗	極大	↘	

$f(x)=\left[\dfrac{t^3}{3}-t^2-3t\right]_{-3}^{x}$

$\qquad=\dfrac{x^3}{3}-x^2-3x+9$

よって，$f(-1)=-\dfrac{1}{3}-1+3+9=\dfrac{32}{3}$

$f(3)=9-9-9+9=0$

したがって，$0\leqq f(x)\leqq\dfrac{32}{3}$

26 面　積 ①　　　(p.60〜61)

131 $y=x^2-2x+c$ において，x で微分すると，

$y'=2x-2$

点 $\mathrm{P}(a,\ b)$ における接線の傾きは，

$2a-2=m$

ゆえに，直線 ℓ の方程式は，$y=(2a-2)x$

$S=\displaystyle\int_{0}^{a}\{x^2-2x+c-(2a-2)x\}\,dx$

$\quad=\displaystyle\int_{0}^{a}(x^2-2ax+c)\,dx=\left[\dfrac{x^3}{3}-ax^2+cx\right]_{0}^{a}$

$\quad=-\dfrac{2}{3}a^3+ac$ ……①

次に，放物線 C と直線 ℓ の共有点が P だから，

$a^2-2a+c=(2a-2)a$

$c=a^2$ ……②

②を①へ代入して，

$S=-\dfrac{2}{3}a^3+a\cdot a^2=\dfrac{a^3}{3}$

132 (1) $y'=-2x+1$ だから，$x=0,\ 2$ のときそれぞれ $y'=1,\ -3$ となる。つまり，

ℓ_1 の方程式は $\boldsymbol{y=x}$

ℓ_2 の方程式は $y+2=-3(x-2)$ より，

$\boldsymbol{y=-3x+4}$

(2) ℓ_1 と ℓ_2 の交点の x 座標は，$x=-3x+4$ より，

$x=1$　交点は $(1,\ 1)$

ゆえに，求める面積は，

$\displaystyle\int_{0}^{1}\{x-(-x^2+x)\}\,dx+\int_{1}^{2}\{-3x+4-(-x^2+x)\}\,dx$

$=\displaystyle\int_{0}^{1}x^2\,dx+\int_{1}^{2}(x^2-4x+4)\,dx$

$=\left[\dfrac{x^3}{3}\right]_{0}^{1}+\left[\dfrac{x^3}{3}-2x^2+4x\right]_{1}^{2}$

$=\dfrac{1}{3}+\dfrac{1}{3}$

$=\dfrac{2}{3}$

133 (1) 円 C の方程式は

$x^2+y^2=4$

これと $y=\sqrt{3}\,(x-2)^2$ より，

$x^2+3(x-2)^4=4$

$(x^2-4)+3(x-2)^4=0$

$(x-2)\{(x+2)+3(x-2)^3\}=0$

$(x-2)(3x^3-18x^2+37x-22)=0$

$(x-2)(x-1)(3x^2-15x+22)=0$ ……①

ここで，$3x^2-15x+22=0$ の判別式 D は，

$D=15^2-4\cdot3\cdot22<0$

つまり，①の実数解のうち $x=2$ 以外のものは $x=1$

よって，$\mathrm{Q}(1,\ \sqrt{3})$

(2)(1)で求めた点 Q が $(1,\ \sqrt{3})$ であることと，円 C が半径 2 の円であることから，

$\angle\mathrm{POQ}=60°$

ゆえに，扇形 $\mathrm{OPQ}=\dfrac{2^2\pi}{6}=\dfrac{2}{3}\pi$

求める面積を S_1 とおく。

半径 OP，OQ と放物線 $y=\sqrt{3}\,(x-2)^2$ で囲まれた図形の面積を S_2 とすると，

$S_1+S_2=$ 扇形 OPQ

$S_2=\dfrac{1}{2}\cdot1\cdot\sqrt{3}+\displaystyle\int_{1}^{2}\sqrt{3}\,(x-2)^2\,dx$

$\quad=\dfrac{\sqrt{3}}{2}+\displaystyle\int_{1}^{2}\sqrt{3}\,(x^2-4x+4)\,dx$

$\quad=\dfrac{\sqrt{3}}{2}+\sqrt{3}\left[\dfrac{x^3}{3}-2x^2+4x\right]_{1}^{2}$

$\quad=\dfrac{5}{6}\sqrt{3}$

$S_1=\dfrac{2}{3}\pi-S_2=\dfrac{2}{3}\pi-\dfrac{5}{6}\sqrt{3}$

よって，求める面積は，$\dfrac{2}{3}\pi-\dfrac{5}{6}\sqrt{3}$

134 (1) 放物線 $y=-x^2+bx+c$ が x 軸と 2 点 $(\alpha,\ 0)$，$(\beta,\ 0)$ $(\alpha<\beta)$ で交わるから，

$-x^2+bx+c=-(x-\alpha)(x-\beta)$

ゆえに，求める図形の面積は，

$\displaystyle\int_{\alpha}^{\beta}(-x^2+bx+c)\,dx$

$=-\displaystyle\int_{\alpha}^{\beta}(x-\alpha)(x-\beta)\,dx$

$=-\displaystyle\int_{\alpha}^{\beta}\{x^2-(\alpha+\beta)x+\alpha\beta\}\,dx$

$=-\left[\dfrac{x^3}{3}-\dfrac{\alpha+\beta}{2}x^2+\alpha\beta x\right]_{\alpha}^{\beta}$

$=-\left(\dfrac{\beta^3}{3}-\dfrac{\alpha+\beta}{2}\beta^2+\alpha\beta^2\right)$

$\quad+\left(\dfrac{\alpha^3}{3}-\dfrac{\alpha+\beta}{2}\alpha^2+\alpha^2\beta\right)$

$$= \frac{1}{3}(\alpha^3 - \beta^3) - \frac{\alpha+\beta}{2}(\alpha^2 - \beta^2) + (\alpha^2\beta - \alpha\beta^2)$$

$$= \frac{1}{6}(\alpha-\beta)\{2(\alpha^2 + \alpha\beta + \beta^2) - 3(\alpha+\beta)^2 + 6\alpha\beta\}$$

$$= \frac{1}{6}(\beta-\alpha)^3$$

(2) 放物線 $y=x(3-x)$ と直線 $y=ax$ で囲まれた図形の面積を $S(a)$ で表す。

$$x(3-x)=ax$$
$$x(3-a-x)=0$$
$$x=0,\ 3-a \quad \cdots\cdots ①$$

放物線 $y=x(3-x)$ と x 軸 $(y=0)$ で囲まれた図形の面積は $S(0)$ である。

$S(0)$ を 2 等分する a を考えるから①において，

$$0<a<3 \quad \cdots\cdots ②$$

(1)において

$$\alpha=0,\ \beta=3-a$$

とすれば，次のことが成り立つ。

$$S(a)=\frac{1}{6}(3-a)^3$$

ゆえに，次の方程式を満たす a を求めればよい。

$$S(a)=\frac{1}{2}S(0)$$
$$\frac{1}{6}(3-a)^3 = \frac{1}{2}\cdot\frac{1}{6}\cdot 3^3$$
$$(3-a)^3 = \frac{3^3}{2}$$

a は実数だから，

$$3-a=\frac{3}{\sqrt[3]{2}}$$
$$\boldsymbol{a=3-\frac{3}{2}\sqrt[3]{4}}$$

これは②を満たし，適する。

☑ 注意

(1)と同様にして，

$$\int_\alpha^\beta a(x-\alpha)(x-\beta)dx = -\frac{a}{6}(\beta-\alpha)^3$$

が成り立つことから，一般に次のことが成り立つ。

放物線 $y=ax^2+bx+c$ と直線 $y=mx+n$ が異なる 2 点で交わり，その x 座標が α, β $(\alpha<\beta)$ のとき，その放物線と直線で囲まれた部分の面積 S は次のようになる。

(i) $a>0$ のとき

$$S=\int_\alpha^\beta \{(mx+n)-(ax^2+bx+c)\}dx$$
$$=\int_\alpha^\beta \{-a(x-\alpha)(x-\beta)\}dx$$

$$=-\int_\alpha^\beta a(x-\alpha)(x-\beta)dx$$
$$=\frac{a}{6}(\beta-\alpha)^3$$

(ii) $a<0$ のとき

$$S=\int_\alpha^\beta \{(ax^2+bx+c)-(mx+n)\}dx$$
$$=\int_\alpha^\beta a(x-\alpha)(x-\beta)dx$$
$$=-\frac{a}{6}(\beta-\alpha)^3$$

(i), (ii)を 1 つにまとめると，

$$S=\frac{|a|}{6}(\beta-\alpha)^3$$

---

27 面　積② (p.62~63)

135 放物線 $y=2x-x^2$ と直線 $y=kx$ とで囲まれた図形の面積を $S(k)$ で表す。

$$2x-x^2=kx$$
$$x=0,\ 2-k$$

題意を満たすのは $0<2-k<2$ のとき，つまり $0<k<2$ で考える。

考えている図形において $y\geqq kx$ の部分と $y\leqq kx$ の部分の面積が $1:2$ になる条件は，

$$3S(k)=S(0) \quad \cdots\cdots ①$$
$$S(k)=\int_0^{2-k}(2x-x^2-kx)dx$$
$$=-\int_0^{2-k}x(x-2+k)dx$$
$$=\frac{1}{6}(2-k)^3 \quad \cdots\cdots ②$$

①，②より，

$$3\cdot\frac{1}{6}(2-k)^3 = \frac{1}{6}\cdot 2^3$$
$$(2-k)^3 = \frac{2^3}{3}$$
$$\boldsymbol{k=2-\frac{2}{\sqrt[3]{3}}=2-\frac{2}{3}\sqrt[3]{9}}$$

これは，$0<k<2$ を満たし，適する。

136 (1) $y=x^2+2x+a$ と $y=mx+1$ より，
$$x^2+2x+a=mx+1$$
$$x^2+(2-m)x+(a-1)=0$$
判別式を D とすると，
$$D=(2-m)^2-4(a-1)>0$$
$$(m-2)^2+4(1-a)>0$$
これが任意の m に対して成り立つ条件は，
$$4(1-a)>0$$
よって，$\boldsymbol{a<1}$

(2) $a<1$ のときに放物線 C と直線 ℓ との交点の x 座標を α, β $(\alpha<\beta)$ とすると，
$$x^2+2x+a=mx+1$$

$x^2+(2-m)x+(a-1)=0$

解と係数の関係より,

$$\begin{cases} \alpha+\beta=m-2 & \cdots\cdots① \\ \alpha\beta=a-1 & \cdots\cdots② \end{cases}$$

放物線Cと直線ℓとで囲まれた図形の面積Sは,

$$S=\int_\alpha^\beta \{mx+1-(x^2+2x+a)\}dx$$
$$=-\int_\alpha^\beta (x-\alpha)(x-\beta)dx$$
$$=\frac{1}{6}(\beta-\alpha)^3$$

$\alpha<\beta$ により,Sが最小になるときと,$(\beta-\alpha)^2$が最小になるときは一致する。

①,②を用いると,

$$(\beta-\alpha)^2=(\alpha+\beta)^2-4\alpha\beta$$
$$=(m-2)^2-4(a-1)$$

よって,**$m=2$** のとき,Sは最小となる。

このとき,最小値は,

$$S=\frac{1}{6}(-4a+4)^{\frac{3}{2}}$$

$S=1$ として,

$$\frac{1}{6}(-4a+4)^{\frac{3}{2}}=1$$
$$-4a+4=6^{\frac{2}{3}}$$
$$a=\frac{1}{4}(4-6^{\frac{2}{3}})$$

よって,**$a=1-\dfrac{\sqrt[3]{36}}{4}$**

これは,$a<1$ を満たし,適する。

137 (1) P_1 と P_2 の方程式より,

$$x^2=-(x-t)^2+t+1$$
$$2x^2-2tx+(t^2-t-1)=0$$

P_1 と P_2 が相異なる 2 点で交わるから,判別式をDとすれば,$D>0$

$$\frac{D}{4}=t^2-2(t^2-t-1)>0$$
$$t^2-2t-2<0$$
$$\mathbf{1-\sqrt{3}<t<1+\sqrt{3}}$$

(2) $1-\sqrt{3}<t<1+\sqrt{3}$ のときに P_1 と P_2 は相異なる 2 点で交わり,その交点の x 座標を求めると,

$$x=\frac{t\pm\sqrt{-t^2+2t+2}}{2}$$

この 2 つの解を α,β $(\alpha<\beta)$ で表すと,

$$\alpha=\frac{t-\sqrt{-t^2+2t+2}}{2}$$
$$\beta=\frac{t+\sqrt{-t^2+2t+2}}{2}$$

このとき求める面積は,

$$\int_\alpha^\beta \{-(x-t)^2+t+1-x^2\}dx$$

$$=-\int_\alpha^\beta (2x^2-2tx+t^2-t-1)dx$$
$$=-2\int_\alpha^\beta (x-\alpha)(x-\beta)dx$$
$$=-\frac{-2}{6}(\beta-\alpha)^3$$
$$=\frac{1}{3}\left(\frac{t+\sqrt{-t^2+2t+2}}{2}-\frac{t-\sqrt{-t^2+2t+2}}{2}\right)^3$$
$$=\frac{1}{3}(-t^2+2t+2)\sqrt{-t^2+2t+2}$$

(3) $1-\sqrt{3}<t<1+\sqrt{3}$ のとき,(2)で求めた面積が最大となるのは,$-t^2+2t+2$ が最大のときである。

$$-t^2+2t+2=-(t-1)^2+3$$

$t=1$ のとき最大となるから,面積の最大値は,

$$\frac{1}{3}\cdot 3\sqrt{3}=\sqrt{3}$$

138 (1) 放物線 $C_1:y=a^2-(x-a)^2$ 上に点 $(1,\ b)$ があるから代入して,

$$b=a^2-(1-a)^2=2a-1$$

$0<b<1$ だから,$0<2a-1<1$

よって,**$\dfrac{1}{2}<a<1$**

(2) $\dfrac{1}{2}<a<1$ のとき,

放物線 C_1 と C_2 の交点は $(0,\ 0)$,$(a,\ a^2)$ である。

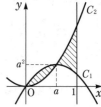

右の図の 2 つの斜線部分の面積が等しいので,

$$\int_0^a \{a^2-(x-a)^2-x^2\}dx$$
$$=\int_a^1 \{x^2-a^2+(x-a)^2\}dx$$

すなわち,

$$\int_0^a \{a^2-(x-a)^2-x^2\}dx$$
$$+\int_a^1 \{-x^2+a^2-(x-a)^2\}dx=0$$
$$\int_0^1 \{a^2-(x-a)^2-x^2\}dx=0$$
$$\int_0^1 (2ax-2x^2)dx=0$$
$$\left[ax^2-\frac{2}{3}x^3\right]_0^1=0$$
$$a-\frac{2}{3}=0$$

よって,**$a=\dfrac{2}{3}$**

これは,$\dfrac{1}{2}<a<1$ を満たすから,適する。